노오븐 디저트

노오븐 디저트

© Lafen, 2017

1판 1쇄 인쇄__2017년 06월 20일
1판 1쇄 발행__2017년 06월 30일

지은이__Lafen
그린이__김지묘
펴낸이__홍정표

펴낸곳__글로벌콘텐츠
　　　　등록__제 25100-2008-24호

공급처__(주)글로벌콘텐츠출판그룹
　　　　대표__홍정표　**이사**__양정섭　**디자인**__김미미　**기획·마케팅**__노경민 이종훈
　　　　주소__서울특별시 강동구 천중로 196 정일빌딩 401호　**전화**__02-488-3280　**팩스**__02-488-3281
　　　　홈페이지__www.gcbook.co.kr　**메일**__edit@gcbook.co.kr

값 15,000원
ISBN 979-11-5852-143-1 13590

·이 책은 본사와 저자의 허락 없이는 내용의 일부 또는 전체를 무단 전재나 복제, 광전자 매체 수록 등을 금합니다.
·잘못된 책은 구입처에서 바꾸어 드립니다.

노오븐 디저트
NO OVEN Dessert
Lafen(이조은) 지음
CAKE
글로벌콘텐츠

목차
Contents

목차
Contents

Mania 

Speciality 

에필로그 

안내

"노오븐 디저트를 도전하면서 겪은 제 이야기와
알고 있으면 유용할 이야기를 넣었습니다.
적어도 4번째 내용인 계량은 꼭 봐주셨으면 해요."

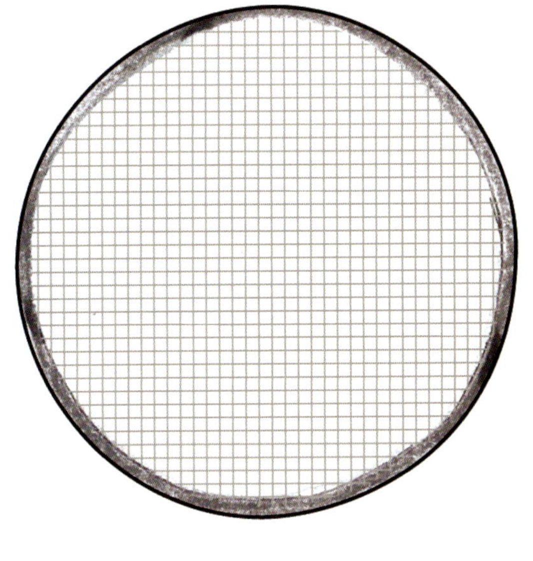

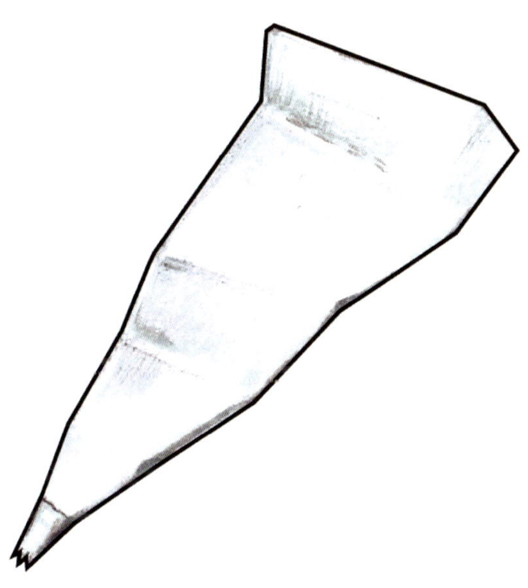

비전문가

amateur

　안녕하세요. Lafen입니다. 위 사진은 무엇인지 궁금하시겠죠. 첫 번째 사진은 머랭 쿠키 만들겠다고 머랭 만들다 실수로 망친 사진이고 두 번째 사진은 사진 찍으면서 물 먹는 바람에 초콜릿에 물 쏟고 망치기 바로 직전의 사진이었습니다.

　네, 맞아요. 생각하셨다시피 저는 전문가가 아닙니다.

　터놓고 이야기하자면 이 책은 요리책이라기보다는 제가 진행해왔던 요리에 대한 도전기 및 기록에 가까운 책일 것입니다. 물론, 제가 실패로 얻은 교훈만 추리고 추려 여러분에게는 실패하지 않고 순조롭게 나아갈 수 있는 길을 제공하는 지침서가 되겠네요.

　근데 전문적으로 배우고 싶어서 이 책을 골랐다는 답변은 안 나오기를 기대하고 싶네요. 정말? 진심으로 전문성을 여기서 느꼈단 말이야? 에이 거짓말이겠죠.

　아무튼, 전체적인 가이드 그리고 디저트 레시피는 전부 어디까지나 초보자로서 어떻게 접근하면 좋을까? 어떤 도구와 재료를 준비하는 게 좋을까와 같은 기초적인 질문에 답변하기에 최적화된 내용일 겁니다. 제가 나름 실패하면서 얻은 길이니깐 초보자에게는 큰 도움이 될 것입니다.

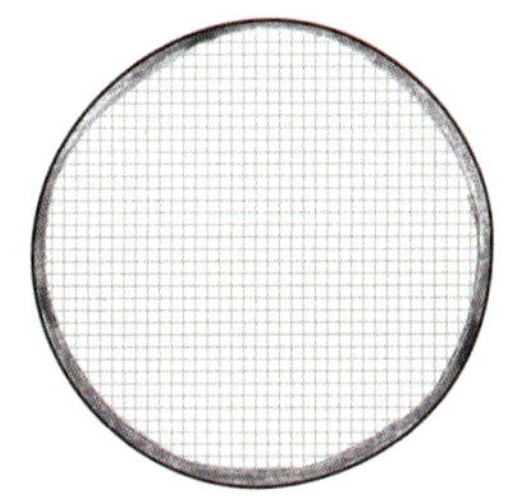

네, 제 가치관에 관한 이야기네요. 소개되는 모든 레시피의 첫 번째는 정식적으로 다가가는 방법을 다룹니다. 하지만 그것마저도 제가 편한 방법대로 개선했기에 100% 정통이라고 하기에는 어렵습니다. 정통을 따르는 것이 옳은 방법일 수도 있지만 저는 아니라고 생각합니다.

사실, 어떤 음식이든 맛만 좋으면 그만이잖아요?

제가 생각하는 디저트는 단순히 단맛에서 끝나는 게 아닌 것 같았습니다. 저는 정교하게 하나, 둘씩 쌓아 올린 맛을 단맛의 허리케인마냥 삼키는 순간 입안에서 폭발시키는 것이 디저트라고 생각했습니다. 그런데 정통을 따라가는 방법보다는 쉬운 방법을 사용해 맛을 쌓는 것이 더 적합하다 판단되었기에 저는 정통을 거절할 예정입니다.

그래서 두 번째에서 소개될 서브 레시피는 제가 나름 고민해보고 연구해서 이렇게 활용하면 더 밋있게 즐길 수 있는 디저트를 만들 수 있을 것이라 생각된 레시피를 제공하게 되었습니다. 그러나 이것도 정답이 아닙니다. 어디까지나 제가 생각하고 만들었으니깐요.

마지막에는 단순히 제 레시피는 가이드로서 참고만 하셨으면 좋겠습니다. 본인만의 맛, 디저트를 만드셨으면 정말 좋을 것 같습니다.

장비

Equipment

　사람은 누구나 자기만의 도구를 채우고 싶어 합니다. 사진기, 컴퓨터, 필기도구, 책 등 당연한 물건들이 주인을 기다리고 있죠. 저 같은 경우에도 쓰지도 않는 향신료를 병적으로 모으거나 쉽게 사용하지 못할 요리 도구를 아낌없이 질러버리는 안타까운 버릇이 있습니다.

　그런데 디저트를 시작하기 위해서는 다양한 도구는 필요합니다. 필수 도구는 옆에서 설명해 드릴 예정이니 나머지 도구에 관해 이야기를 해볼까 합니다. 책 뒷 표지에도 소개드렸다시피 상기의 도구들은 사용합니다. 어디까지나 편함과 모양을 추구하기 위해 구비한 장비들입니다.

　스패츄라, 짤주머니는 필요가 없긴 합니다. 스패츄라는 섬세하게 다듬기 위해서 필요한 도구고 짤주머니는 비닐봉지를 잘라 사용해도 무관합니다. 무스 틀도 반찬 통에 랩을 깔고 모양을 만들면 깔끔하게 해결됩니다.

　주방만 뒤져봐도 대체를 할 도구는 얼마든지 있습니다.

　하지만 대체재를 사용하면 디저트 겉모양에 있어서 타협을 봐야 합니다. 예쁘게 만들어서 SNS에 올리고 자랑해야지! 네, 그 생각 과감하게 버리고 맛으로 승부를 봅시다.

핸드믹서, 전자레인지는 제가 소개할 대부분의 디저트에 사용됩니다. 안 쓰는 것을 찾는 것이 더 빠를 정도로 과하게 쓰이는데 이 부분은 어쩔 수 없었습니다. 핸드믹서를 사용하지 않으면 거품기로 손수 해결해야 하는데 모든 디저트를 그렇게 만들면 저처럼 손목부상이 와서 일상생활에 지장이 올 수도 있습니다. 핸드믹서는 인터넷 최저가로 구매하면 2~3만 원 안으로 해결 가능하니 제발 구매를 해주셨으면 합니다.

그리고 전자레인지는 솔직히 오븐 대용품입니다. 오븐은 원래 베이킹이나 디저트, 각종 요리에 많이 쓰이는 도구입니다만 우리나라의 가정집에는 쉽게 찾아보기가 어렵죠. 있어도 미니 오븐이 전부인데 어떻게 하면 속전속결로 해결할 수 있을까? 쉽고 간편하게 디저트를 끝낼 수 있을까?

그래서 전자레인지로 해결을 봤습니다. 중탕하기 힘든 초콜릿도 전자레인지 1분 ~ 1분 30초만 돌리면 중탕을 하지 않아도 해결이 되긴 합니다. 후에 소개할 찹쌀떡 반죽도 익반죽을 해야 할 것을 전자레인지로 뚝딱 하고 해결할 수가 있죠.

즉, 다른 장비는 어느 정도 대체할 도구를 찾을 수가 있지만, 이 두 가지 도구는 반드시 필요합니다. 여러분의 손목과 시간을 지키기 위해서는 꼭 구비해주세요.

재료

Material

초콜렛, 계란, 우유, 밀가루, 설탕, 견과류, 버터, 과일, 꿀 등 디저트를 제작하기 위해 이와 같이 다양한 재료를 사용합니다. 재료마다 각각 특성이 있고 어떻게 만들지 고민하면 할수록 새로운 디저트가 나오게 됩니다. 그 중 일부 재료 사용에 대해 주의사항을 잠깐 소개하자면 다음과 같습니다.

초콜렛을 사용할 경우 절대로 물을 넣지 마세요. 물이 들어가지 않게 꼭 조심하셔야 합니다. 분리 현상 일어납니다! 초콜렛을 구성하는 재료 중에는 기름이 포함되어 있습니다. 그래서 물이 섞이면 당연히 기름과 물의 반발작용으로 인하여 초콜렛 성분의 분리 현상이 일어납니다.

그리고 가끔 계란이 들어간 반죽에 뜨겁게 녹인 초콜릿이나 온도가 높은 재료를 넣는 경우가 있는데 그럴 경우 한 번 식힌 다음에 넣어주시는 것이 좋습니다. 바로 넣을 경우 뜨거운 온도에서는 계란이 금방 익기 때문에 반죽을 포함해 모든 것을 망칠 가능성이 높습니다. 그러니 뜨겁다 싶으면 한 번 쉬었다 넣으세요!

휘핑크림은 개봉 이전까지는 오래 사용할 수 있습니다. 사용하기 전까지 냉동실에 얼려두고 사용하기 전날에 냉장고로 옮겨두거나 해동을 해서 사용하면 됩니다. 개봉 이후 꼭 일주일 이내에 사용하세요!

　먼저, 이야기를 하고 가야 할 부분이 있습니다. 앞서 말했듯이 저는 요리사라기보다는 개인 제작자이자 개인 크리에이터입니다. 그래서 재료의 상황이 주는 영향에 취약합니다. 그 많은 재료 중 가장 심각하게 타격을 입었던 것은 계란이었습니다. 2017년 1월에서 3월까지 레시피 제작이 중점적으로 이루어졌는데 계란 폭등이 일어났죠.

　계란 한 판에 만 원이 훌쩍 넘어가는 해괴망측한 현상이 벌어졌고 원래는 계란같이 가성비가 훌륭한 재료를 사용해 이것저것 만들어 싸고 질 좋은 디저트를 제공하려던 제 계획은 보기 좋게 박살이 났습니다. 밥솥이나 전자레인지같이 특수한 도구를 사용하기 위해서는 최적화된 레시피가 필요합니다.

　테스트 과정만 하더라도 최소 4 ~ 5번 이상 반복하면서 진행해야 하는데 카스테라나 제누와즈 같은 디저트 제작을 위해서는 최소 15개 이상을 사용해야만 했습니다. 그러다 보니 근처에서 만날 수 있는 재료로 디저트를 제작하기가 어려워졌고 초콜렛을 사용한 디저트가 많은 이유도 초콜릿이 더 저렴했기 어쩔 수 없이 선택한 사항이었습니다.

　그러니깐 싼 재료로 쉽게 만드는 디저트가 적다고 싫어하지 마세요. 나는 나대로 최대한 노력했는데 사회적 환경이 망쳐놨어!

계량

Mensuration

　계량은 계량컵 또는 전자 저울기를 사용하는 것이 편하긴 합니다. 이 양이 맞을까? 제대로 레시피 대로 따라가는 것이 맞을까? 하고 고민하는 것을 정말로 싫어하신다면 계량 도구를 구매하는 것이 좋습니다. 여러분의 정신 건강은 소중하니까요.

　밀가루, 설탕 등 가루로 이루어진 재료들은 어쩔 수 없이 계량을 거쳐야 하지만 초콜렛, 생크림과 같이 제품으로 판매되는 제품을 계량하는 것은 엄청 쉽습니다. 구매한 이후에 제품 겉 부분만 살펴봐도 중량이 나와 있습니다.

　오른쪽 사진처럼 요거트, 크림치즈 같은 경우 제품으로 되어 있기에 굳이 별도의 계량을 거치지 않아도 해결이 됩니다. 레시피에 완제품이 들어갈 경우 최대한 반영하기 쉽게 재료를 구성했기 때문에 크게 걱정을 하지 않으셔도 됩니다.

　하지만 처음 하시는 분들이라면 당연히 이 말도 어렵고 계량이라는 친구를 부담스럽게 느끼실 수 있습니다. 그런 분들을 위해서 종이컵과 숟가락을 사용해 야매 계량을 할 수 있게 옆에서 안내하니 그냥 넘어가지 마시고 한 번 봐주시면 정말 감사하겠습니다! 모든 계량은 눈대중으로 해결하는 것이 제일 편하죠.

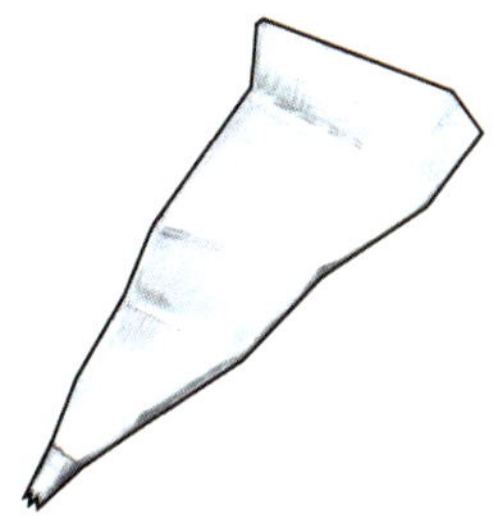

　야매 계량의 기초는 연연하지 않는 것입니다. 이 재료가 조금 부족해서 망치거나 다른 맛이 나오면 어떻게 하지? 그 생각을 버리면 모든 것이 편해집니다. 정식으로 도전하는 사람에게는 추천하지 않지만, 요리를 즐기면서 하고 싶다면 언제든지 이 방법을 적극 추천드리고 싶습니다!

　조금 맛이 바뀌면 어때요! 그것도 직접 본인이 만든 완성품이에요!

　이렇게 긍정적인 생각으로 정신 승리를 유도하면서 시작하죠! 먼저, 종이컵을 기준으로 보자면 우리 근처에서 구할 수 있는 완벽한 계량컵입니다. 우선 1 개의 사실만 확실히 주입하고 들어갑시다.

　종이컵 1 컵은 200g! 밥숟가락 1 숟가락은 10g!

　종이컵 계량은 큰 문제점이 없습니다. 절반이면 거의 100g이고 비율에 맞춰 만들면 완벽한 계량을 할 수가 있습니다. 문제는 밥숟가락을 이용한 비율인데 숟가락 안에 찼을 경우에는 10g 정도이지만 가득 찬 숟가락은 15g 이상이라고 생각하시면 됩니다.

　다만, 잘 생각해야 할 것은 상기의 계량은 어디까지나 야매에 해당하는 방법이기에 정식 계량과는 거리가 멀다는 점만 알아주세요!

이해요청

Please

　몇 번을 강조해 말하지만, 전문적으로 디저트를 만들고 요리를 만드는 전문가가 아니다 보니 디저트의 영어 명칭은 어학 사전, 번역기를 참고하여 부제를 달았습니다. 그러다 보니 본인이 알고 있던 전문용어, 원래 기재해야 할 정식용어가 아닐 수 있습니다.

　직역해서 달았구나! 라고 생각해주시면 정말 감사할 것 같아요. 그리고 디저트를 만들다 보면 보통 식힘망이라고 해서 첫 번째 사진과 같은 틀을 사용하는 경우가 많습니다. 근데 저 틀 사실은 미니 오븐 받침대입니다. 굳이, 식힘망 살 필요 없이 저런 틀이면 다 되긴 합니다.

　전문 도구를 A부터 Z까지 구비할 필요가 없습니다. 컵케이크, 퐁당 오쇼콜라와 같은 디저트도 전용 용기를 구매해 사용한다면 예쁜 모양을 장담할 수 있겠죠. 그런데 평생 디저트를 만드는 것이 아닌 잠깐 여유가 생겨서 한 번 만들자! 라는 생각으로 시작하시는 분들이 많습니다.

　취미가 좀 더 심화되어 업그레이드를 하게 되고 발전하게 된다면 그때 전문적인 장비와 용기 등을 구매하면 됩니다! 그전까지는 저처럼 주변에서 응용할 수 도구를 사용하는 것이 좋습니다. 그래서 활용할 수 있는 도구 같은 경우 레시피에 사진으로 기재해놨습니다. 간간히 이걸? 여기에? 라는 생각이 드시면 참고용으로만 봐주시면 감사하겠습니다!

　보통의 요리책은 전문 스튜디오 또는 적합한 공간에서 촬영하는 경우가 많습니다. 정확한 정보 제공을 위해 선명한 사진을 찍어 제공하는 것이 당연하죠. 그래서 이전 책과는 전혀 다르게 별도의 조명, 작업 공간을 만들어 촬영을 진행했습니다. 뒤에서 소개될 모든 레시피와 레시피 사진이 태어난 요람입니다.

　이전 책 제작할 때 제가 미처 챙기지 못한 요소를 채우고자 어떻게든 무작정 해본 것 같습니다. 그리고 사진도 어디서 따로 배운 것이 아닌 혼자 조명이랑 이것저것 독학하면서 배운 것이 전부입니다. 그래서 예쁜 디저트 사진 찍겠다고 노력했는데 사진이 정말 안 나오는 경우도 있었습니다.

　네, 맞습니다. 저의 능력 부족이 보일만 한 구간이 분명히 있습니다. 어느 시점에서 사진이 거슬리거나 음? 이건 좀 아닌 것 같다 싶은 요소가 있으면 비난이 아닌 비평을 해주시면 정말 감사할 것 같습니다. 피드백을 어디에 주면 되냐구요?

　책 또는 질문에 대한 피드백은 페이스북 페이지 자취요리백과 또는 Lafen's Factory 혹은 카카오톡 플친 Lafen's Factory 쪽에 문의를 주시면 답변을 드릴 수 있으니 여유 되시면 상기의 채널로 연락주세요.

Beginner

"노오븐 디저트는 통상의 디저트 제작과
유사하면서도 다른 방식을 가지고 있습니다.
그 방식을 이해하는데 도움이 될 레시피입니다."

 주 사용도구 

난이도

전자레인지, 핸드믹서와 같은 기초 도구 숙달을 위한
디저트이기에 비교적 쉽습니다.

소요시간

레시피 제작 : 15 ~ 20분
냉동 및 추가 시간 : 1 ~ 2 시간

주 사용 재료

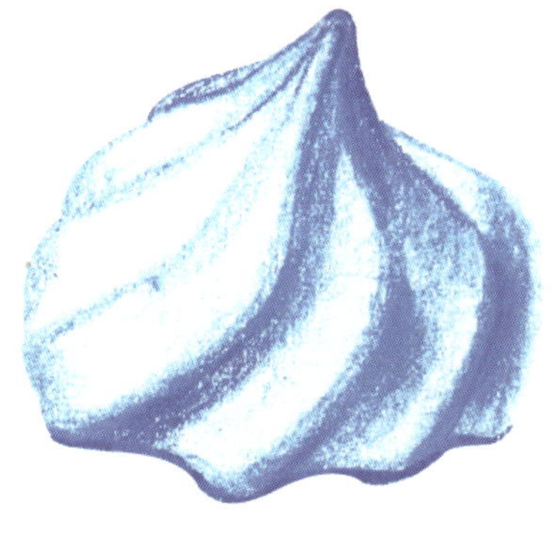

생크림

Fresh Cream

"생크림, 휘핑크림 맛 구별하기 솔직히 힘듭니다."

사용 도구

핸드믹서

준비 재료

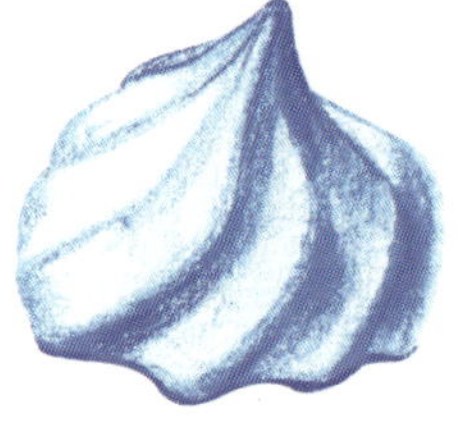

생크림 300g

설탕 30g

주의사항

1. 구매 시 가당, 무가당 제품을 확인하고 사도록 합시다.
2. 무가당일 경우 생크림 10%의 설탕을 넣도록 합시다.
3. 가당일 경우의 설탕 추가는 개인의 선택입니다.

　생크림이라고 이야기를 하면 휘핑크림, 생크림 이 두 가지를 떠올리는 경우가 대부분입니다. 무슨 차이가 있을까? 라고 물으면 차이점이 있긴 합니다. 생크림은 베이킹, 요리 등에 다양하게 이용되며 맛이 더 고소하고 부드럽지만, 모양을 유지하는 힘이 약해 케이크 데코레이션에는 적합하지 않을 수 있습니다.

　그에 반해 휘핑크림은 생크림에 비해 유통기한도 비교적 길고 형체도 단단하게 유지되어 쉽게 무너지지 않습니다. 하지만 맛을 비교하자면 생크림보다 부족한 것은 반박할 수 없는 현실이 맞습니다. 결국 둘 다 크림이 맞지만, 맛을 중시할 것인지 모양을 유지할 것인지에 대한 차이가 있다고 할 수 있네요.

　근데 솔직히 저도 맛과 모양을 구별하기 어렵습니다. 제 기준에서 최대한 저렴한 제품 이용하는 것이 더 좋을 것 같다는 것이 결론입니다. 휘핑크림 같은 경우 대용량으로 사게 되면 1L당 3000원대로 파는 곳도 있으니 처음부터 비싼 돈 주지 말고 싸게 사서 도전해보세요.

1. 크림은 통상적으로 300g을 기준으로 잡고 제작합니다.

2. 크림이 무가당일 경우 설탕을 넣고 가당일 경우는 취향대로 합시다.

3. 휘핑을 칠 때 볼 온도가 차가울수록 크림이 빠르게 올라옵니다.

4. 얼음을 채운 볼 위에 얹어두고 핸드믹서는 낮은 강도로 휘핑해줍시다.

5. 반시계방향으로 2~3분 저어주면 단단한 크림이 완성됩니다.

6. 한 번 들어보거나 뿔을 세워 형체가 유지되면 걱정 없이 사용합시다.

1. 생크림 변형은 생크림 10 : 변형 재료 1 로 준비해주시면 됩니다.

2. 초코생크림을 예시로 들자면 우선 200g의 생크림을 만들도록 합시다.

3. 생크림 200g에 초콜릿 잼, 코코아 가루 20g씩 넣어주면 됩니다.

4. 핸드 믹서로 힘차게 섞어주면 초코 생크림이 완성됩니다.

5. 물론, 초콜릿을 녹여 넣어도 됩니다. 재료의 가감은 반드시 입맛대로!

6. 그렇게 만든 다양한 생크림은 다양한 디저트에 추가해보세요!

머랭

Meringue

"머랭 쿠키는 절대 쉬운 쿠기가 아닙니다."

사용 도구

핸드믹서

전자레인지

준비 재료

계란 3개(흰자)

설탕 40g

주의사항

1. 흰자에 이물질이 들어가면 머랭을 100% 망칩니다.
2. 머랭 형체가 유지되지 않으면 완성이 덜 된 머랭입니다.
3. 만들 때 레몬즙 반 숟갈 정도 넣어주면 단단해집니다.

머랭, 듣기만 해도 겁에 질리는 단어 중 하나입니다. 저도 디저트를 시작하기 이전에 머랭은 수차례 망친 적이 있어 쉽게 다가가기가 두려웠죠. 그런데 핸드믹서의 도움을 받고 난 이후로 머랭을 전혀 두려워할 필요가 없다는 것을 깨달았네요. 흰자에 설탕을 조금씩 부어가며 핸드믹서로 반시계 방향으로 휘핑을 해주면 간단히 해결됩니다.

손거품기로 하는 것은 정말 사람이 할 짓이 못 되기 때문에 감히 권유하고 싶지가 않습니다. 그리고 머랭은 반드시 친숙해져야 이후의 디저트와 더 친밀하게 다가갈 수 있고 더 많고 다양한 것을 만들 수 있습니다. 그러니깐 반드시 연습을 하고 만들어 봐요!

후에 카스테라나 제누와즈 같은 경우 별립법을 사용하기에 머랭은 반드시 들어가야 하는 필수 요소가 됩니다. 이것 말고도 다양한 디저트가 머랭을 기다리고 있지만 머랭이 어렵고 귀찮다면 그냥 넣어도 상관없습니다. 하지만 머랭이 포함된 디저트가 훨씬 더 부드럽고 촉촉하면서 솜사탕 같은 맛을 제공해준다고 당당하게 말씀드리죠.

1. 계란 3개 분량의 흰자를 사용하며 설탕도 미리 준비하도록 합시다.

2. 깨끗한 볼에 흰자를 담고 설탕 1/3 정도 넣고 휘핑을 해줍니다.

3. 반 시계 방향으로 핸드믹서를 돌려가며 2~3분간 휘핑을 해줍시다.

4. 남은 설탕도 중간중간 부어가며 휘핑을 마무리 해주면 됩니다.

5. 뿔이 단단하게 올라오거나 형체가 무너지지 않으면 완성입니다.

6. 옆으로 들거나 볼을 거꾸로 세워 보는 것도 좋은 판별법입니다.

1. 짤주머니와 종이 호일 또는 유산지를 준비하도록 합시다.

2. 머랭을 짤주머니에 담고 적당한 크기로 나눠 짜도록 합시다.

3. 전자레인지에 30초씩 끊어서 2번 돌려주시면 됩니다.

4. 시간을 잠깐 돌리면 녹아내린 모양의 머랭 쿠키가 나오게 됩니다.

5. 전자레인지에서 조금만 더 돌려도 저렇게 녹아내리거나 타게 됩니다.

6. 오븐이 아니라 전자레인지로 만들면 녹아내리기에 쉽지 않습니다.

과일청

Fruit Syrup

"병은 다이소에서! 과일은 도매시장에서!"

사용 도구

병

준비 재료

생딸기 500g

설탕 400g

주의사항

1. 병을 소독하지 않고 사용하면 곰팡이가 생깁니다.
2. 과일도 세척을 바르게 하지 않으면 곰팡이청이 됩니다.
3. 설탕을 과하게 넣으면 과일청이 아닌 설탕청이 됩니다.

 만드는 과정에 대한 설명을 고민하 보다는 영어 명칭에서 더 많은 고민을 한 디저트였습니다. 이게 레몬청까지 설명하다 보니 어떻게 보면 마멀레이드로 보이기도 하고 설탕 절임 숙성이라고 볼 수도 있을 정도로 관점 차이 때문에 힘들었네요. 그래서 최대한 간단하게 보자는 생각으로 과일 시럽이라고 표현했습니다.

 원래는 Matured in honey fruit으로 가장 유사하게 표현이 가능한 단어로 설명을 끝내려고 했으나 책 지면 문제상 전부 표현하기가 어려워 시럽으로 약술 한 것에 대한 양해를 구할게요! 그리고 과일청은 두 가지 종류로 압축할 수가 있습니다.

 레몬처럼 껍질이 두꺼운 경우, 딸기처럼 구분 하기 어려운 경우!

 껍질까지 사용하는 과일은 반드시 베이킹소다, 소금, 물 등을 이용해 청결한 작업을 거쳐야 합니다. 그리고 딸기 같은 경우에는 세척을 흐르는 물로만 해도 괜찮습니다.

1. 설탕은 딸기의 0.9 ~ 1의 비율로 준비하는 것이 제일 좋습니다.

2. 병은 끓는 물에 한 번 소독 후 물기를 제거한 뒤에 사용합니다.

3. 딸기는 물에 씻고 꼭지를 제거한 뒤에 4등분으로 썰어줍시다.

4. 준비한 설탕을 전부 넣어주되 과하게 넣으면 안 됩니다. 망해요.

5. 1시간 정도 자연스럽게 녹을 때까지 기다리며 가끔씩 한 번 섞어줘요.

6. 병에 옮겨 담고 실외에서 하루 재워둔 다음 냉장 보관 후 드세요!

1. 레몬청 제작을 위해서는 소금과 베이킹 소다를 추가적으로 준비하세요.

2. 굵은 소금과 베이킹 소다로 레몬 겉면을 닦아가며 물로 세척해주세요.

3. 위, 아래를 잘라내고 일정한 모양으로 슬라이스해서 썰어주면 됩니다.

4. 레몬 씨앗을 제거하면 좋지만 귀찮으면 그냥 넘어가도 괜찮습니다.

5. 같은 양의 설탕에 재워 이후 과정은 딸기청과 똑같이 하면 됩니다.

6. 과일청은 병 소독, 과일 세척이 가장 중요합니다! 꼭! 잊지 마세요.

과일잼

Fruit Jam

"과일 끓일 때 냄새는 진짜 시궁창 냄새납니다."

사용 도구

병

준비 재료

생딸기 1kg

설탕 800g

레몬즙
·
계피가루

주의사항

1. 오랜 시간 붙어서 자주 확인하지 않으면 잼이 탑니다.
2. 과일은 1kg부터 만들어야 양이 적당합니다.
3. 딸기는 레몬즙 한 숟갈! 사과에 계피가루 한 숟갈!

 항상 잼을 사 먹었고 직접 만든다는 개념을 위해서 많은 각오와 준비가 필요하다는 것을 하나도 몰랐습니다. 딸기나 사과를 익힐 때 그렇게 냄새가 심하게 날 줄이야 상상도 못 했네요. 하수구 구렁텅이에서 올라오는 썩은 냄새를 맛보게 될 줄이야 정말 꿈에도 몰랐죠.

 집에 환기가 잘 안 된다? 절대 하지 마세요! 제발 하지 마세요!!!

 잼을 만들기 위해서 최소한 1시간 이상은 끓이면서 졸여야 하는데 쉽게 이야기하자면 하수구 냄새가 1시간 동안 지속된다는 이야기입니다. 더운 날이라면 꼭 피하시고 여유가 돼서 만든다고 하더라도 냄새에 민감한 부분이나 요소가 없는지 반드시 확인했으면 좋겠습니다.

 저도 빨래를 널어놓고 과일잼을 바로 만드는 바람에 한동안 와이셔츠에서 말로 형용하기 어려운 냄새가 향수마냥 남게 되었습니다. 아, 그리고 병은 청과 마찬가지로 반드시 소독해서 사용해주시고 실외 보관 하루만 하고 냉장 보관 후 드시면 됩니다!

1. 딸기와 설탕을 준비합니다. 딸기는 세척하고 꼭지를 제거하세요.

2. 딸기는 으깨서 사용해도 좋고 통째로 넣어도 괜찮습니다.

3. 중불에 1시간 끓여주면 되는데 냄새가 지독하니 환기하면서 하세요.

4. 익은 딸기는 쉽게 뭉개지니 원하는 크기로 차근차근 부셔주세요.

5. 거품은 반드시 제거해주셔야 합니다. 색 변질, 맛 변질의 원인이야!

6. 차가운 물에 떨어뜨렸을 때 바로 굳으면 잼이 완성된 것입니다.

1. 사과는 5개 분량을 사용하며 설탕은 400g을 사용했습니다.

2. 껍질을 제거하고 먹지 못 하는 부분은 확실히 제거해야 합니다.

3. 손질한 사과는 최대한 다진 다음 중불에 계속 끓여주면 됩니다.

4. 설탕도 바로 넣어주시고 같이 뭉근하게 푹 끓이면 완성됩니다.

5. 중간중간 타지 않게 저어주시고 농도도 확인해주시는 것이 좋습니다.

6. 갈색으로 변하면 불 끄세요! 잼 완성 확인은 딸기잼과 동일하게!

찹쌀떡

Sticky Rice Cake

"막상 만들면 단가도 싸고 쉬워. 근데 반죽이 귀찮아."

사용 도구

전자레인지

준비 재료

팥앙금
·
전분 가루

찹쌀가루 500g   물 300g   설탕 2 숟갈   소금 반 숟갈

주의사항

1. 전자레인지 전용 용기를 사용하는 것을 권장합니다.
2. 반죽이 전분가루를 과하게 흡수할 경우 맛이 없어진다.
3. 물기가 많은 과일은 팥앙금이 잘 붙지 않습니다.

　쫀득쫀득한 식감, 고소하면서도 달달한 팥앙금이 매력적인 한국의 디저트 찹쌀입니다. 요즘은 갖가지 과일을 떡 안에 넣어 만드는 과일 찹쌀떡도 있기에 기본적인 찹쌀떡 레시피와 함께 과일 찹쌀떡 제작법까지 레시피에 기재했습니다.

　내부에 들어가는 재료만 바꿔도 다양한 맛과 멋으로 다가오는 찹쌀떡의 매력은 여기서 끝나지 않습니다. 반죽에 딸기 분말 혹은 코코아 가루를 한, 두 숟갈만 섞어도 생각지도 못했던 분야의 찹쌀떡을 만드는 것도 가능해져요. 기존의 떡에서 벗어나 그 이상의 맛, 개인만이 만들 수 있는 맛을 만들어 봐요!

　딸기찹쌀떡과 백앙금, 초코찹쌀떡과 초코가나슈 그리고 코코아 가루.

　찹쌀떡의 매력은 쫄깃한 떡에만 있지 않습니다. 만들고 싶은 맛, 맛보고 싶은 맛을 상상하는 대로 동일한 모양으로 구현시킬 수 있는 다채로운 매력을 가진 찹쌀떡 어때요?

1. 분량의 찹쌀가루와 물, 설탕, 소금을 골고루 섞어 반죽을 만들어 준다.

2. 반죽은 전자레인지에 1분 30초씩 3번! 중간중간 꺼내서 꼭 섞어주자.

3. 떡의 질감이 반죽에서 발견이 되면 떡을 덜어 찹쌀떡 베이스를 만들자.

4. 전분 가루와 떡 반죽을 섞어주면 찹쌀떡 반죽이 완성된다.

5. 적당량의 떡 반죽을 떼서 원형으로 만든 앙금을 얹고 제작하면 된다.

6. 만들 때도 전분 가루를 뿌리고 마무리 할때도 전분 가루로 꼭 마무리!

1. 반죽은 기본 찹쌀떡과 동일한 방식으로 준비하도록 하자!

2. 과일 찹쌀떡으로 사용하기 좋은 과일로는 청포도 메론, 딸기가 있다.

3. 딸기는 꼭지를 따고 흐르는 물에 깨끗이 씻고 물기를 제거해주자.

4. 물기가 제거된 딸기 겉면에 팥앙금을 골고루 발라 꽉꽉 채워주자.

5. 그 뒤 찹쌀떡을 만드는 방법과 동일하게 떡을 만들어 주면 끝!

6. 과일 사용 시 크기가 크니깐 터지지 않게 조심 또 조심이야!

계란빵

Egg Bread

"만드는데 5분 먹는데 걸리는 시간은 5초."

사용 도구

핸드믹서

전자레인지

준비 재료

계란

핫케이크 믹스

우유 100g

주의사항

1. 핫케이크 믹스 2인분이면 총 2 ~ 4개 정도 제작됩니다.
2. 계란 노른자에 구멍을 뚫지 않으면 폭발합니다.
3. 전자레인지 사용 시 30초씩 끊어 확인합시다.

　여러분도 알다시피 제빵과 디저트에는 계란이 정말 많이 들어갑니다. 반죽을 만들거나, 머랭을 치거나, 소스를 만들거나 나열하자면 끝도 없이 말할 수 있을 것 같네요. 그런데 그 과정에서 계란을 특별하게 응용하는 과정이 많지 계란을 딱 넣고 끝내는 디저트는 거의 없습니다.

　그런데 이 계란빵은 다릅니다. 계란 1 개와 핫케이크 믹스 반죽만 들어가고 그 외의 재료는 더 필요하지도 않습니다. 종이컵에 반죽을 담고 계란을 넣고 전자레인지에 돌리면 끝이니깐요!

　정말 간단과 편함을 추구하는 이에게는 더할 나위 없이 적합한 디저트가 될 수가 있습니다. 그런데 맛은 떨어집니다. 신속하게 제작하고 별다른 기술, 과정 없이 제작하는 것을 중점으로 만들었어요.

　대신, 서브 레시피에서 초코 계란빵 추가 재료를 다루니 단순한 계란빵 말고 다른 맛을 즐기고 싶으시다면 서브 레시피도 한 번 봐주세요. 그리고 핫케이크 믹스 시판 제품 사용을 적극 권장합니다.

1. 2인분 분량의 핫케이크 믹스반죽에 우유와 계란을 넣고 만들어 줍니다.

2. 떡 반죽이 되지 않도록 조심하세요! 완성되면 잠시 옆에 대기!

3. 머그컵으로 만들 경우 1/3만큼 반죽을 채우고 계란을 한 개 넣으세요.

4. 노른자에 젓가락으로 구멍을 내고 전자레인지에 1분 정도 돌려주세요.

5. 종이컵도 동일한 방식으로 제작이 됩니다. 1/3 반죽, 계란 1 개!

6. 구멍 내고 1분 30초 정도! 중간중간 익는 과정 꼭 확인하셔야 해요!

1. 코코아 가루와 초콜릿 잼을 한 숟갈씩 넣어 초코 반죽을 만듭시다.

2. 제작 방식은 계란빵과 동일합니다. 1/3만큼의 반죽, 계란 1개!

3. 노른자에 구멍을 반드시 내주신 다음부터 과정이 조금 달라집니다.

4. 추가 재료를 넣어주시면 좋은데 초콜릿 칩 등을 추천합니다.

5. 전자레인지에 1분 10초에서 30초 정도 돌려주면 완성됩니다.

6. 그 외 치즈를 추가하면 치즈 계란빵이 되니 재료는 취향대로!

핫케이크

Hot Cake

"핫케이크만! 먹으려면 제품 쓰는 것이 편합니다."

사용 도구

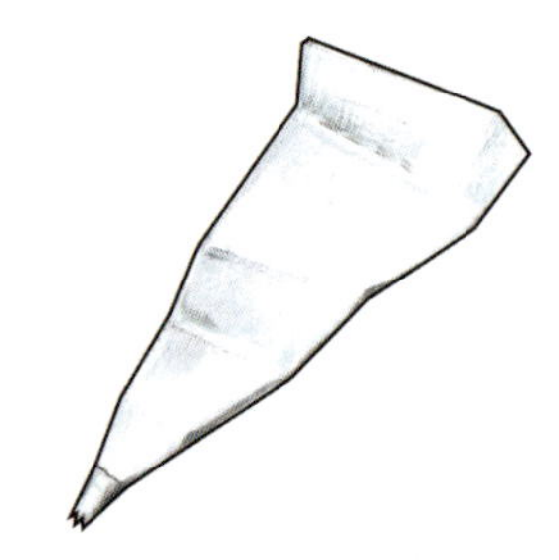

짤주머니

준비 재료

버터
·
식용유
반 숟갈

밀가루 200g   우유 100g   설탕 30g   계란 1 개

주의사항

1. 찢어졌을 경우 반죽을 부어 땜질 할 수 있습니다.
2. 크게 만들 경우 한 국자, 작게 만들 경우 반 국자!
3. 팬에 기름을 두르면 색깔이 고르게 나오지 않습니다.

첫 번째 레시피는 핫케이크 반죽을 직접 만드는 내용입니다. 이 핫케이크를 만들면서 정말 평생 먹을 만큼의 핫케이크 믹스를 먹어본 것 같네요. 실제로 반죽까지 구성해서 만드는 것이랑 믹스의 맛 차이부터 시작해서 구워지는 정도 다른 재료와 곁들여 먹었을 때의 차이점을 찾는데 고생을 많이 했습니다.

우선, 반죽을 직접 만들어 먹을 경우에는 다른 재료와의 조합을 해서 먹을 경우 정말 맛있습니다. 메이플 시럽을 뿌려 먹거나 딸기와 같은 제철 과일을 얹어 같이 먹을 경우 잘 어울립니다. 제품 맛이 빠져서 그런 것도 있지만 진짜 잘 어울리더라고요.

그에 반해 믹스를 사용할 경우는 실패할 확률이 제로에 가깝습니다. 그리고 흔히 알고 있는 핫케이크 맛이니깐 맛, 제작 이 두 가지 방향에서 실패를 경험할 수가 없습니다. 다만, 제품 맛이 진해서 생크림과 어울리지 다른 것이랑은 어울리지 않습니다. 아! 사용하는 모든 밀가루는 박력분이에요! 박력분!!!

1. 재료를 준비하세요. 늘 말하지만, 계량은 종이컵이 제일 편합니다.

2. 우유를 먼저 붓고 밀가루를 체에 걸러 넣어주세요.

3. 마지막으로 계란을 넣고 떡 지지 않게 주걱을 세워서 섞어주세요.

4. 연노랑 색깔의 반죽이 나오면 제대로 완성한 것이 맞습니다! 잘했어!

5. 약불에 예열한 팬에 한 국자 정도 퍼서 얇게 구워주면 됩니다.

6. 일부러 설탕을 뺀 레시피라 시럽, 버터 등 추가 사이드랑 같이 드세요.

1. 서브레시피는 핫케이크 오믈렛입니다. 제품을 사용해서 만듭니다.

2. 2인분 정도의 핫케이크 반죽을 만들어주면 됩니다.

3. 핫케이크를 깔끔하게 굽고 싶으면 팬에 기름, 버터 두르지 마세요.

4. 무조건 약불에 예열하고 천천히 익혀주셔야 깔끔하게 나옵니다.

5. 생크림, 잼, 아이스크림 등 추가 재료는 본인 취향껏 준비해주세요.

6. 핫케이크 반죽 굽는 양은 반 국자로 통일해서 사용했습니다.

호두 타르트

Walnut Tarte

"막상 만들면 단가도 싸고 쉬워. 근데 반죽이 귀찮아."

사용 도구

전자레인지

준비 재료

계피 1 숟갈
·
꿀 50g
·
식빵

호두 70g   계란 2 개   흑설탕 40g   버터 20g

주의사항

1. 종이 타르트 틀을 사용하면 형체가 무너집니다.
2. 타르트 틀이 없으면 종이컵 반 잘라 사용하셔도 됩니다.
3. 전자레인지는 30초씩 끊어 익는 정도를 확인하세요.

비기너의 마지막 요리이자 이 챕터에서 가장 많은 재료를 자랑하는 친구입니다. 원래는 호두 파이처럼 만들어 맛을 연출하려고 했는데 파이 틀을 구해서 하는 것도 그렇고 무리가 있었습니다. 그래도 포기하지 않고 몇 번 시도해봤는데 타협점이 도저히 안 나오더라고요. 어려워지면 더 어려워졌지 반죽이 익는 차이도 있고 재료랑 맛이 동떨어지는 경우도 나와서 타르트로 노선을 변경했습니다.

그래서 호두 타르트, 호두빵을 먹는 느낌으로 만들자는 생각에서 식빵을 타르트 겉 부분으로 채택했습니다. 식빵이 싫다면 과자를 부숴서 사용해도 됩니다. 그 방법은 뒷 편에 있을 타르트 쪽에서 다룰 예정이니 궁금하시면 가서 보고 오시면 됩니다!

아무튼, 메인 재료로 사용한 호두도 아몬드, 땅콩 등 본인이 원하는 재료로 얼마든지 대체가 가능합니다. 하지만 크랜베리와 같은 건과일류는 적합하지가 않습니다. 전자레인지를 사용하다 보니깐 아무래도 맛이랑 향이 떨어지는 감이 있더라고요!

1. 재료는 계량해두고 빵은 겉부분을 사용하지 않으니 미리 제거해주세요.

2. 밀대로 식빵을 최대한 납작하게 만들어 주세요. 틈이 있으면 안 돼요!

3. 준비한 틀에 식빵을 잘라 꽉 채우고 계란물을 사방에 발라주세요.

4. 버터는 녹이고 나머지 재료를 다 섞어주면 됩니다. 호두는 잘게 부숴!

5. 포크로 식빵 틀에 구멍을 내고 만든 호두 필링을 2/3 정도 채워주세요.

6. 만든 타르트를 전자레인지에 30초씩 끊어 2 ~ 3분간 돌려주면 됩니다.

1. 식빵 호두파이를 제작하고 남게 되는 빵껍질을 주 재료로 씁니다.

2. 버터 1 숟갈, 꿀 또는 물엿 2 숟갈, 계피가루를 준비하세요.

3. 예열한 팬에 버터를 녹인 뒤 꿀 또는 물엿을 섞어주세요.

4. 손질한 빵껍질을 넣고 약불에 조리듯이 천천히 볶아주세요.

5. 겉부분이 바삭해지면 불을 끄고 식히면서 계피가루를 넣으세요.

6. 다 식은 뒤 설탕에 한 번 버무려 주면 심심풀이 간식으로 좋아요.

Junior

"본격적으로 디저트라고 할만한 요리입니다.
그래서 대중적이고 알 수 있을 만한 디저트 위주로
구성했으니 부담 없이 도전해봐요!"

 주 사용도구 

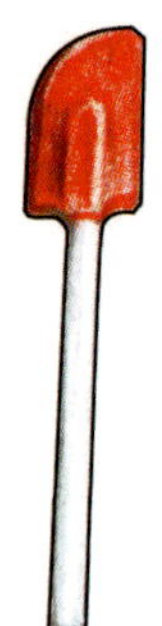  

 # 난이도

사용하는 도구가 증가했고 다루는 재료 난이도가
이전보다 많이 상승해서 초보자라면 다소 어렵습니다.

 # 소요시간

레시피 제작 : 20 ~ 30분
냉동 및 추가 시간 : 2 ~ 4시간

 # 주 사용 재료

아이스크림

Ice Cream

"여기에 초콜릿을 섞으면 초코 아이스크림입니다."

사용 도구

핸드믹서

준비 재료

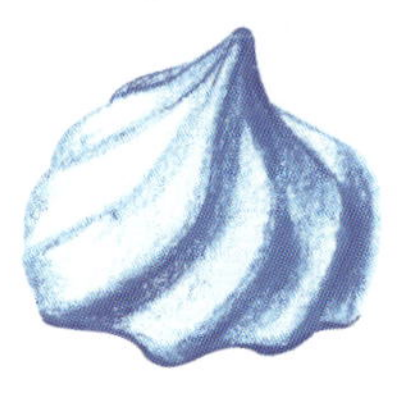

생크림 150g

설탕 30g

우유 100g

꿀 30g
·
요거트 200g

주의사항

1. 아이스크림을 담는 통은 반찬 통도 괜찮습니다.
2. 모양을 예쁘게 담고 싶으면 스쿱 구매를 추천합니다.
3. 요거트는 플레인 요거트 시판 제품 사용을 권장합니다.

　레시피로는 요거트 아이스크림, 딸기 아이스크림을 설명해드립니다. 그리고 정말 신기하긴 하지만 얼리는데 시간이 오래 걸리는 점과 중간 중간 꺼내서 부드럽게 해주는 과정을 제외하고는 만들기가 쉽습니다. 앞에서 소개된 계란빵과 비교될 정도로요!

　아이스크림의 매력은 단순히 먹는 것에 끝나지 않는 것 같습니다. 뒤늦 게 말하지만, 이 책에 들어간 모든 디저트 레시피는 단순한 요리법에서 끝나는 것이 아니라 유기적으로 연결되어 있습니다. 스페셜리티 중 하 나인 아이스크림 샌드 케이크에 사용된 아이스크림도 그렇고 아이스찰 떡도 이 방법으로 제작된 아이스크림을 사용했습니다.

　즉, 평범한 요거트 아이스크림 레시피가 아니라 다른 디저트에 곁들이 면 좋을 하나의 재료이자 새로운 리소스이자 활용방안이 될 수가 있다 는 것을 알려드리고 싶어요. 하나에 또 다른 하나를 더하면 정말 새롭 고 참신한 디저트가 나오는데 어느 레시피라는 틀에 갇혀서 굳이 정석 만 따라갈 필요는 없잖아요?

1. 분량의 재료를 미리 준비하도록 합시다. 스테인레스 볼도 필요해요.

2. 볼에 요거트를 먼저 담고 우유를 넣어주도록 합시다. 과감하게!

3. 설탕, 생크림, 꿀도 한 번에 넣으세요. 그다음 핸드믹서 준비해요!

4. 재료를 다 넣은 볼을 2 ~ 3분 정도 휘핑을 한 뒤 냉동실로 넣으세요.

5. 얼리는 중간중간 꺼내서 자주 섞어줘야 부드러운 아이스크림이 됩니다.

6. 4시간에서 6시간 정도 얼리면 부드러운 아이스크림이 완성됩니다.

1. 딸기 아이스크림은 딸기 10개, 생크림 & 우유 120g, 꿀을 사용합니다.

2. 딸기는 생딸기, 냉동 딸기 상관없이 딸기면 됩니다.

3. 생딸기면 분쇄해서 만들면 되는데 냉동이면 재료 넣고 믹서기로!

4. 사실 믹서기로 한 번에 갈아 만드는 것이 제일 편합니다.

5. 반찬 통에 제작된 딸기 아이스크림을 넣고 냉동실에 4시간 넣어둡시다.

6. 초코를 넣으면 초코 아이스크림, 치즈를 넣으면 치즈 아이스크림!!!

초콜릿

Chocolate

"녹이고 다시 굳히는 것이 끝인데 그게 제일 어려워."

사용 도구

무스틀

준비 재료

코코아가루

생크림 100g   초콜릿 200g

주의사항

1. 초콜릿 녹일 때 물 들어가면 안 됩니다. 절대로 안 돼요.
2. 초콜릿을 냉동실에 잘 굳히고 썰어야 쉽게 잘립니다.
3. 전자레인지는 30초씩 끊어 익는 정도를 확인하세요.

파벳 초콜릿, 믹스초코바가 뒤에서 소개될 친구들의 정식 이름입니다. 그런데 통일성을 가진 이름을 찾기가 어려워 초콜릿으로 통일시켰습니다. 모티브는 잘 아실 로이s 초콜릿에서 가져왔습니다. 생크림과 초콜릿을 섞어 기존의 초콜릿보다 훨씬 맛있게 즐기는 초콜릿이죠.

생크림 비율을 어떻게 하는 가에 따라 맛과 형태에 차이가 발생하게 됩니다. 기본적으로 초콜릿 2 : 생크림 1의 비율을 권장하는 편입니다. 그래야 맛과 모양의 밸런스가 적합하기 때문이죠. 근데 여기서 초콜릿 비율만 바꿔주면 꽤 재미있는 그림이 나오게 됩니다.

초콜릿 1.5 : 생크림 1로 비율을 바꿔 제작하면 먹기 불편하지만, 엄청 쫀득거리며 매력적인 초콜릿이 나옵니다. 일대일 비율로 제작하게 되면 소스로 먹기에 절대 부족함이 없죠. 생크림 비율을 늘리면 초콜릿이 굳지 않는 불상사가 발생해서 웬만해서는 추천 드리지 않습니다.

변형은 좋지만, 적정선을 유지하는 것도 좋은 방법이 될 수 있어요.

1. 초콜릿은 커버춰 밀크 초콜릿을 사용했습니다. 다크, 화이트 사용 가능!

2. 생크림을 거품이 날 정도로 끓인 다음 초콜릿을 녹여주세요.

3. 녹인 초콜릿을 유산지를 깐 무스틀 위에 부어주시면 됩니다.

4. 2 ~ 3시간 정도 냉동실에 넣어두면 굳습니다. 꺼내서 네모로 자르세요.

5. 봉지에 초콜릿과 카카오가루를 넣고 힘차게 흔들어주세요! Shake It!

6. 바로 먹으면 텁텁할 수 있으니 가루를 털어내고 맛있게 드세요!

1. 초콜릿, 생크림은 같은 양을 준비하시고 견과류만 취향껏 준비하세요.

2. 제작 방법은 유사합니다. 생크림을 끓이고 초콜릿을 녹여주세요.

3. 유산지와 무스틀을 준비하시고 받칠 트레이도 밑에 깔아주세요.

4. 녹인 초콜릿을 무스틀에 붓고 평평하게 퍼질 때까지만 기다리세요.

5. 준비한 견과류(취향대로 구성!)를 초콜릿 위에 고르게 부어주세요.

6. 3 ~ 4시간 냉동실에 얼려둔 다음 한입 크기로 썰어 드시면 됩니다.

우유 푸딩

Milk Pudding

"끓이고, 젤라틴 섞고, 냉장고에 넣기 이게 끝입니다."

사용 도구

병

준비 재료

생크림 100g

설탕 35g

우유 250g

젤라틴 1 숟갈

주의사항

1. 뜨거운 상태에서 젤라틴 가루를 넣으면 잘 안 섞입니다.
2. 시럽은 가장 마지막에 넣어주셔야 섞이지 않습니다.
3. 병은 다이소에서 구매하는 것이 가장 편하고 좋습니다.

 푸딩에 관해 이야기하기 이전에 고백할 사실이 있습니다. 저는 푸딩을 먹지 못합니다. 아니, 제대로 말하자면 싫어합니다. 물컹하면서 부드러운 식감이 매력적인 디저트라는 것을 잘 알고 있지만, 아무튼 싫습니다. 싫어하는 가장 큰 이유는 제가 못 먹는 음식 중에 버섯이 있는데 물컹 물컹하고 씹히는 식감이 버섯하고 유사해서 못 먹습니다.

 그런데 분명히 푸딩을 좋아하실 분들도 많을 것이고 만들기도 적당한 난이도를 가지고 있어 제작하게 되었습니다. 레시피 상에서는 주로 젤라틴 가루를 사용하긴 했는데 가루가 아닌 판을 사용해도 괜찮습니다. 가루를 중심적으로 제작했지만 온도 조절에 실패하면 뭉치거나 쉽게 섞이지 않는 현상이 발생됩니다.

 자신이 없다면 젤라틴 판을 사용하셔도 괜찮습니다. 상기의 계량에서 가루만 판으로 대체하신다 생각하시고 2 ~ 3장 물에 불려 사용하시면 됩니다. 참고로 상기의 계량으로 푸딩을 만들게 된다면 다이소 작은 병 기준으로 2 ~ 3개 정도가 제작됩니다.

1. 생크림은 휘핑크림으로 대체해서 사용해도 괜찮습니다. 맛도 괜찮아!

2. 푸딩에 사용할 병은 미리 끓는 물에 소독하고 물기를 제거해주세요.

3. 생크림과 우유, 설탕을 넣고 거품이 올라올 때까지만 살짝 끓여주세요.

4. 3이 살짝 식으면 젤라틴 가루를 넣고 고르게 잘 섞어주세요!

5. 가루는 잘 안 섞일 수 있으니 꼼꼼하게 섞어주시고 병 2/3만큼 채우기!

6. 냉장고에 4시간 정도 놔두면 푸딩이 완성됩니다. 시럽은 취향껏!

1. 서브 레시피는 우유 푸딩을 개량하여 만든 커스타드 푸딩입니다.

2. 노른자 1 개, 설탕 & 아몬드 가루 1 숟갈씩 넣고 잘 섞어주세요.

3. 생크림 50g, 우유 125g, 설탕 10g을 넣고 끓여준 다음 2와 섞어주세요.

4. 뜨거우면 계란이 익으니 조심! 그리고 젤라틴 한 숟갈을 섞어주세요.

5. 노란 푸딩이 완성되면 병 2/3을 채우고 냉장고에 4시간 방치합시다.

6. 시럽은 취향껏 먹기 바로 직전에 살짝 뿌려 먹는 것이 제일 좋습니다.

티라미수

Tiramisu

"마스카포네 치즈가 저렴했으면 매일 먹고 싶네요."

사용 도구

핸드믹서

준비 재료

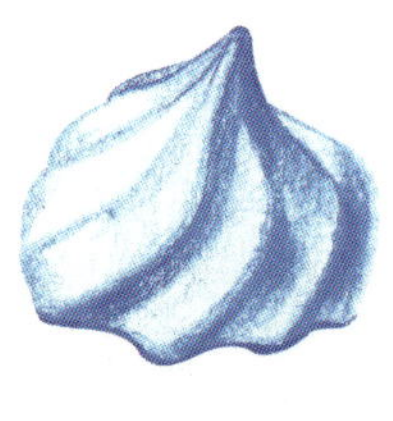

커피 원액
·
코코아가루

제누와즈 크림치즈 250g 설탕 30g 생크림 250g

주의사항

1. 크림치즈는 상온에 30분 정도 놔둬야 잘 섞입니다.
2. 마스카포네 치즈, 더치커피 원액을 사용하면 좋습니다.
3. 진한 아메리카노를 커피 원액 대신 사용해도 됩니다.

커피의 알싸한 향기와 동시에 다가오는 치즈크림의 단내가 입에서 퍼져 나갑니다. 한 숟가락 크게 들어 빵을 삼키면 기다렸다는 듯이 코코아 가루가 멋지게 등장해 마무리합니다. 티라미수, 이탈리아 언어로 기분을 즐겁게 해준다는 뜻이 자연스럽게 드러나는 맛을 가졌다.

실제로는 사워크림을 추가로 사용하는 경우도 있으며 시트 대신에 레이디핑거라는 핑거쿠키를 이용하기도 한다. 그러나 언제 그 재료를 사고 준비를 할 수 있을까? 실제로 그런 재료를 준비한다고 하더라도 능숙하게 다루기에는 다소, 무리가 있다. 거기에 커피까지 사용하기도 하니깐 부담스럽게 느껴질 수 있다.

그래서 카스테라를 이용한 방법을 제시한 것이고 제누와즈를 활용한 케이크로도 제작할 수 있는 방법을 알려주는 것이다. 그리고 기왕이면 마스카포네 치즈를 사용하는 것이 제일 좋지만, 가격이 비싸다고 느껴지면 필라델피아 치즈를 사용해도 된다. 맛의 차이가 있지만 바꾼다고 해서 큰일 나는 것은 아니에요!

1. 재료는 상온에 미리 꺼내두고 작업을 진행하는 것이 편합니다.

2. 분량의 생크림에 설탕을 넣고 크림을 단단하게 만들어 주세요.

3. 2에 크림치즈를 넣고 섞어 티라미수 베이스를 완성하세요.

4. 제누와즈를 꺼내 윗부분에 〈수저로〉 커피 원액을 골고루 발라주세요.

5. 시럽이 제누와즈에 스며들면 제작한 3을 발라주시고 1번 반복하세요.

6. 여유가 되면 크림을 모든 면에 바르고 코코아 가루로 마무리하면 완성!

1. 기본 재료는 전부 동일하되 제누와즈를 일반 카스테라로 바꿨습니다.

2. 반찬 통과 카스테라를 준비해주세요. 카스테라는 근처 제과점에서!

3. 생크림을 휘핑하고 거기에 크림 치즈를 섞어 완성해주도록 합시다.

4. 카스테라를 3등분해서 1단을 밑에 깔고 커피 원액을 발라주세요.

5. 3을 위에 바르고 다시 카스테라를 깔고 커피 바르고를 반복해주세요.

6. 마지막 크림 위에 코코아가루를 골고루 뿌려주시면 완성됩니다.

퐁당 쇼콜라

Fondant Chocolat

"꾸덕꾸덕한데 엄청 부드럽습니다. 모순된 디저트죠."

사용 도구

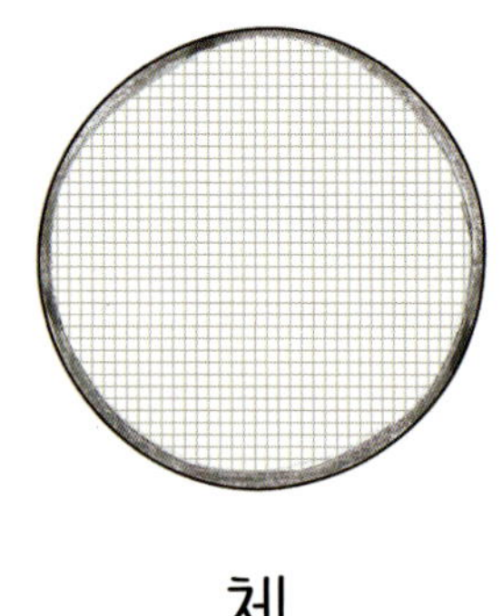

체

전자레인지

준비 재료

밀가루 70g

계란 2 개

설탕 50g

버터 50g

초콜릿 50g
·
코코아 70g

주의사항

1. 코코아 가루와 밀가루는 체에 걸러야 떡이 안 됩니다.
2. 전자레인지에 따라 명시한 시간이 다를 수 있습니다.
3. 적정 시간마다 끊어서 익는 것을 확인해주세요!

　브라우니는 싫고, 계란빵도 싫고, 케이크도 싫은데 초코와 빵이 먹고 싶다면 감히, 퐁당 오 쇼콜라를 추천합니다. 브라우니와 재료 구성은 전체적으로 비슷하긴 하지만 맛도 다르고 식감도 전혀 다릅니다. 겉은 브라우니처럼 되어 있지만, 숟가락으로 안을 파고 들어가는 순간 초콜릿이 터지는 광경을 목격할 수 있습니다.

　디저트를 몇 번 먹다 보면 질리는 감이 없지 않아 있는데 퐁당 오 쇼콜라만큼은 자주 먹어도 질리지 않더라고요. 신기하게 퍼먹는 느낌도 색다르고 제작 과정에서 느끼는 감각이 일반적인 디저트와 확실히 다른 느낌이 있습니다.

　그리고 이건 여담이지만 퐁당 쇼콜라는 프랑스어로 구성되어 있습니다. 퐁당은 녹아내린다의 의미고 쇼콜라는 잘 알다시피 초콜릿이라는 명칭입니다. 원래 풀 네임은 Fondant au Chocolat 입니다. 그런데 au 가 들어가게 되면 길이 때문에 책 인쇄에 문제가 생길 수 있어 중간 단어를 생략한 것입니다. 오해 마세요!

1. 밀가루와 코코아가루는 섞어서 체에 거르고 초콜릿은 녹여주세요.

2. 계란에 설탕을 넣고 계란물을 만드는 것처럼 잘 섞어주세요.

3. 녹은 초콜릿에 버터도 함께 녹이고 식으면 2에 넣고 섞어주세요.

4. 3에 밀가루와 코코아가루를 덩어리지지 않게 조심히 넣어주세요.

5. 섞을 때 주걱을 세워서 긁는 것처럼 섞어야 떡 반죽이 안 됩니다.

6. 머그컵 2/3 정도 채우고 전자레인지에 1분 20초 돌리면 완성!!!

1. 밀가루 50g, 코코아 가루 20g, 계란 2 개, 설탕 25g, 식용유, 초코칩!

2. 비슷하게 맛을 내는 간단 버전입니다. 가루 혼합에 계란을 섞으세요.

3. 설탕 섞고 식용유, 초코칩을 넣어 주세요. 초콜릿 대신으로 넣습니다.

4. 가능하면 버터를 컵 내부에 발라주시고 2/3만큼 반죽을 채우세요.

5. 전자레인지에 1분 ~ 1분 30초 정도 돌려주면 간단 버전은 끝입니다.

6. 초콜릿을 넣지 않아 맛은 부족하지만 초콜릿 칩으로 보완했습니다.

버터 쿠키

Butter Cookie

"안에 들어갈 재료를 마음대로 구성하세요!"

사용 도구

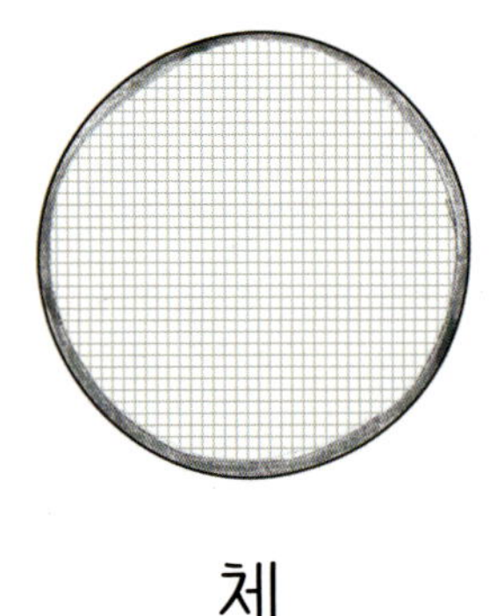

체

핸드믹서

준비 재료

밀가루 200g

계란 1 개

설탕 100g

버터 100g

초코칩
·
아몬드

주의사항

1. 냉동실에 반죽을 확실히 얼리지 않으면 뭉개집니다.
2. 굽는 도중 물기를 제거해주지 않으면 맛이 변합니다.
3. 바삭하게 굽고 싶다면 굽는 시간을 5분 정도 늘리세요.

다른 디저트 제작 방법과 사뭇 다른 이 쿠키는 손이 많이 갑니다. 불 조절과 가열하는 과정에서 발생하는 물기 제거를 주기적으로 해줘야 하고 모양을 잡기 위해 많은 노력이 필요하죠. 그리고 쿠키 모양도 상상한 그대로 나오지 않기 때문에 현실과 타협을 보기도 해야 합니다.

그 어떤 요소보다 불이 정말 중요합니다. 약불보다 좀 더 약한 불로 가열해야 합니다. 가스레인지 사용을 추천 드리며 약불로 불을 맞춰놓고 조금만 더 움직여보세요. 그러면 더 약한 불이 나오는데 그 불을 쭉 유지해야 합니다. 바람만 불어도 쉽게 꺼지고 가스 화력이 낮아 어느 순간 픽하고 불이 사라지는 경우도 있으니 주의하셔야 해요!

하지만 이 번거로운 불 조절을 해결하면서 쿠키가 서서히 익어가는 과정을 보고 있으면 참 신기합니다. 재료의 혼합이 은은한 열에 차근차근 쿠키의 향을 뿜어내고 단단해지는 형체를 보면 디저트가 내 손에서 만들어지는 것을 실감할 수 있어요. 전자레인지, 전기밥솥을 사용하는 것이 아닌 직접 굽는 쿠키 한 번 해보실래요?

1. 밀가루는 체에 거르고 버터는 녹여야 하니 상온에 미리 놔둡시다.

2. 분량의 버터를 확실히 녹이면서 설탕을 넣고 함께 섞어주세요.

3. 2에 분량의 밀가루와 계란, 초코칩을 넣고 반죽을 만들어 주세요.

4. 만든 반죽은 얇고 넓게 비닐 위에 담아 2시간 동안 얼려주세요.

5. 4를 꺼내 쿠키를 자르고 약한 불에 앞면 15분! 뒷면 5분! 구워주세요.

6. 쿠키를 구울 때는 뚜껑을 반드시 덮고 물기를 제거해주시면 됩니다.

1. 초코아몬드쿠키는 초코칩이 아몬드로 코코아가루 50g이 추가됩니다.

2. 방식은 동일합니다. 버터를 녹이고 설탕을 섞고 계란을 넣어주세요.

3. 밀가루와 코코아 가루를 체에 걸러 넣고 긁듯이 살살 섞어주세요.

4. 아몬드는 약불에 한 번 볶아 물기를 날린 뒤 3에 넣어주시면 됩니다.

5. 굽는 방법은 메인 레시피와 같습니다. 약한 불에 앞면 15분! 뒷면 5분!

6. 구워진 쿠키는 식힘망이나 트레이에 올려 한 번 식힌 후에 드세요!

스콘

Scone

"반죽에 생크림이 들어갑니다. 저도 신기합니다."

사용 도구

전기밥솥

전자레인지

준비 재료

생크림 100g

설탕 20g

밀가루 100g

계란물

주의사항

1. 전기밥솥마다 성능 차이가 있어 시간 차이가 있습니다.
2. 숙성을 시키지 않으면 스콘이 부드러워지지 않습니다.
3. 하기 힘들 것 같으면 서브 레시피 제품으로 해보세요!

바삭한데 부드럽다. 같은 속성으로 있기 어려운 두 가지를 가지고 있는 디저트가 뭐냐고 물어보면 스콘이라고 답할 수 있을 것 같습니다. 그런데 노오븐 디저트로 이걸 재현하고 해결하자니 정말 답이 없는 상황에서 답을 찾아야 하는 고역이었습니다.

최초 시도는 전자레인지로 해결하려고 했습니다. 그런데 반죽부터 시작해서 다양한 방법을 시도해봤는데 결과는 다 똑같더라고요. 수분만 날아가 눌러붙고 속은 제대로 익지 않아 망치기만 했죠. 쿠키처럼 직접 굽자니 맛이 떨어지는 경우도 발생했습니다. 전기밥솥에 하자니 반죽이 흐트러져 모양이 뭉개지는 현상이 나타났죠.

그래서 생각을 바꿨습니다. 오븐과 유사한 전기밥솥으로 도구를 사용하되 굽는 것을 완료하는 즉시 스콘 성형이 가능한 레시피를 찾아봤습니다. 반죽에 생크림을? 왜 넣죠? 라는 생각을 분명히 할 수 있을 것이다. 하지만 다 계산하고 의도한 레시피고 방향을 정리해 제작한 방법이니 걱정하지 않고 그대로 따라와 주시면 감사하겠습니다.

1. 버터는 향을 내는 용도라 사용 유무는 입맛대로 구성하세요.

2. 생크림과 밀가루, 설탕을 넣고 반죽을 만들어 주세요.

3. 완성된 반죽은 6시간 동안 냉장고에 넣고 숙성을 시켜주면 됩니다.

4. 그 이후 반죽을 꺼내와 밀가루에 한 번 굴려준 다음에 사용합니다.

5. 완성된 반죽에 계란물을 바르고 밥솥에 담은 뒤 취사를 해줍시다.

6. 취사 이후 반죽을 꺼내 모양을 삼각형으로 정리한 뒤 식혀주면 완성!

1. 비스킷 반죽 제품과 전자레인지를 이용한 방법입니다. 하나의 방법!

2. 물 또는 우유 100g과 계란, 제품을 넣고 반죽을 만들어 주세요.

3. 원래 계란이 들어가지 않습니다만 전자레인지 때문에 넣습니다.

4. 적당량 한 스쿱을 덜어 접시나 전용 용기에 담고 1분 돌려줍니다.

5. 더 새롭게 먹고 싶으면 30초 더 돌리거나 다른 재료를 얹으세요.

6. 맛이랑 느낌만 비슷하게 연출했기 때문에 메인보다는 부족합니다.

라떼 음료

Latte

"디저트와 같이 먹으면 정말 소화제같은 음료!!!"

사용 도구

잔

준비 재료

우유 200g

설탕 20g

녹차가루
·
홍차 티백

주의사항

1. 우유의 양은 1인분 기준입니다. 마음껏 늘리셔도 됩니다.
2. 설탕과 부가 재료의 비율은 우유 1 : 부가 재료 0.1
3. 가루를 넣을 때는 한 번 걸러 넣는 것이 잘 섞입니다.

　노오븐 디저트 제작에 있어 가장 곤란한 문제는 두 가지였다. 계란 값 폭등 그리고 속이 망가진 것이었다. 보통 디저트를 제작하게 된다면 계량이나 노오븐 디저트라는 방법을 찾기 위해서는 최소한 4 ~ 5번 정도는 비슷하지만 다르게 제작을 해야만 했다.

　근데 문제가 있다면 모든 디저트의 맛을 봐야만 했는데 작업 기간이 두 달이 넘어가자 내 속은 뒤집어졌다. 단내만 맡아도 속은 저절로 올라왔고 심할 때는 입 대자마자 헛구역질하고 토한 경우도 더러 있었으니 말이다. 다, 하나의 과정이려니 넘어가던 도중 도저히 참을 수 없을 것 같은 어느 날 디저트 말고 다른 것을 먹어야겠다는 신념으로 제작한 것이 밀크티와 녹차라떼였다.

　레시피 설명에는 설탕이 들어가지만 실제로 내가 해먹을 때는 설탕을 뺀 음료를 마셨다. 신기하게 진정제마냥 속이 가라앉았습니다. 디저트는 분명히 사람 즐겁게 해주는 음식이 맞지만, 항상 먹기에는 부적절합니다. 그래서 같이 마실 음료로 감히, 이 두 가지를 추천합니다.

1. 얼그레이 홍차를 사용했으며 얼그레이가 사용하기 가장 무난합니다.

2. 티백 1개에 물 200ml가 정량입니다. 티백 2개를 우려냅시다.

3. 끓는 물에 티백 2개를 넣고 5분 ~ 7분간 방치해둡니다.

4. 선명한 붉은 빛을 띄기 시작하면 티백을 빼고 우유와 설탕을 넣으세요.

5. 좀 더 진하게 먹고 싶다면 티백과 우유를 섞고 한 번 끓여주세요.

6. 설탕, 꿀과 같은 부가 재료는 입맛대로 가감해주는 것이 좋습니다.

1. 우유 1 : 녹차가루 0.1 을 준비하도록 합시다. 설탕은 조절!

2. 설탕과 녹차가루는 미리 섞어서 하나의 가루처럼 만들어 줍시다.

3. 우유를 거품이 나올 정도로만 끓이고 2와 섞어주세요.

4. 천천히 섞어줘야 덩어리지지 않고 고르게 섞이게 됩니다.

5. 우유가 아닌 두유를 사용해도 괜찮고 반반 섞어 써도 됩니다.

6. 여기에 얼음을 담아 먹으면 아이스 녹차라떼! 그냥 먹으면 녹차라떼!

Mania

"한 번 제작하면 여럿이 같이 먹을 수 있을
케이크류의 디저트와 간식이 포함됩니다.
한 번 만들어서 주변인들과 나눠먹어보세요."

 주 사용도구 

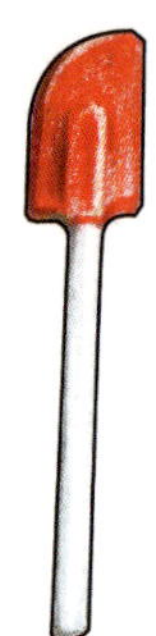  

난이도

전기밥솥을 사용하기에 도구 사용 난이도는 낮으나
재료를 다루는 기술에 있어 섬세함이 필요합니다.

소요시간

레시피 제작 : 30분 ~ 45분

냉동 및 추가 시간 : 1 ~ 2시간

주 사용 재료

카스테라

Castella

"전기밥솥으로 만들어도 탱글탱글하고 부드러워요!"

사용 도구

전기밥솥

핸드믹서

준비 재료

밀가루 150g

우유 40g

설탕 200g

계란 6 개

식용유

주의사항

1. 식용유는 반죽에 두 숟갈 밥통에 두 숟갈 발라줍시다.
2. 밀가루를 그대로 넣으면 떡 반죽이 될 수 있으니 조심!
3. 식용유 대신 버터를 사용해도 괜찮습니다.

　미리 주의를 드리자면 카스테라를 기점으로 해서 디저트 제작 방식이 다소 어려워지고 복잡해집니다. 계란을 흰자, 노른자 분리하여 사용하는 별립법과 통째로 사용하는 공립법을 분별해서 본격적으로 적용하기 때문입니다. 그리고 한 번 만들어 보시게 되면 왜 머랭을 따로 만들어 넣는지 알 수 있게 됩니다.

　기회가 된다면 별립법과 공립법을 한 번씩 시도해서 맛 비교해보는 것을 추천해 드립니다. 그런데 시간이 없거나 급하신 분들이면 별립법으로 제작해 만드시면 됩니다. 그래야 전기밥솥으로 만들어도 탱글탱글하고 푸딩처럼 요동치는 카스테라를 만들 수 있으니깐요.

　아, 그리고 이 카스테라는 만들면 다른 부가재료와 함께 먹는 것을 추천해 드립니다. 생크림, 초코 생크림, 과일잼 등과 같은 부가적인 재료와 함께 먹는 것이 훨씬 더 맛있고 재미있습니다. 한 개, 한 개 메인 재료와 서브 재료를 합쳐 본인만의 디저트나 맛을 찾아가는 과정이 정말 즐겁다고 말씀드리고 싶어요.

1. 흰자와 노른자를 분리하여 머랭을 만드는 별립법을 사용해 제작합니다.

2. 흰자에 절대 이물질, 물이 들어가지 않게 조심하고 머랭을 만드세요.

3. 노른자에 설탕, 밀가루, 우유, 식용유를 넣고 고르게 섞어주세요.

4. 3에 머랭을 3번 정도 나눠 넣고 3과 섞는 것을 반복해주세요.

5. 밥솥에 식용유를 바르고 4의 반죽을 채운 뒤 취사를 하면 됩니다.

6. 덜 익었다면 취사를 1번 더 하고 밥솥에서 꺼내 식힌 뒤 드세요.

1. 흰자와 노른자를 분리하지 않는 공립법을 사용하여 제작합니다.

2. 계란은 분리하지 않고 그대로 휘핑을 해주시면 됩니다.

3. 설탕, 밀가루, 우유 등 기존의 재료를 넣고 같이 잘 섞어주세요.

4. 반죽이 완성되면 밥솥에 식용유를 고르게 바른 뒤 반죽을 넣어주세요.

5. 취사를 진행하면 카스테라가 완성됩니다. 꺼내서 30분 식혀주세요.

6. 계란맛이 짙은 카스테라가 나오나 식감은 별립법에 비해 떨어집니다.

타르트

Tarte

"사진을 찍을 때 가장 돋보이는 디저트."

사용 도구

전자레인지

준비 재료

토핑 재료

통밀과자 200g   계란 1 개   초콜릿 100g   버터 20g

주의사항

1. 전자레인지에서 꺼낼 때 엄청 뜨겁습니다. 화상 조심해!
2. 다른 과자는 유지력이 약해 쓰기가 적합하지 않습니다.
3. 익힐 때 덜 익었다면 전자레인지 30초 추가!

 타르트 모양도 살리고 편하게 제작하고 싶다면 타르트 틀을 구매하는 것을 추천해드립니다. 물론, 틀을 사용하지 않고 종이컵을 1/3만 잘라 타르트 반죽을 채워 틀을 만들고 필링을 채워 간이 타르트 제작도 가능하긴 합니다. 맛에 있어 변하는 점도 없고 오히려 치우기도 깔끔해서 더 좋을 수도 있습니다.

 하지만 제 생각이지만 타르트는 외부 곡선인 테두리 물결 모양이 타르트의 정체성을 제대로 보여준다고 생각합니다. 시각에서 만족하고 미각에서 두 번 만족하는 디저트가 타르트이지 않을까 생각했고 그 생각을 구현해본 것이 서브 레시피인 초코치즈타르트입니다.

 종이로 만들어진 틀에 초콜릿을 입혀 냉각시킨 뒤 핀셋으로 틀을 제거해 초콜릿 타르트를 제작했습니다. 빵과 같이 먹기 위한 용도로 제작한 타르트라 크림치즈 필링을 만들어 타르트 내부를 채웠습니다. 나중에 먹을 때 식빵이랑 바게트 사와서 카나페처럼 만들어 먹으니깐 진짜 맛있어요! 맛이 없을 수가 없어요!

1. 추천하는 토핑재료는 딸기와 같은 과일을 추천합니다. 꾸미기 편해요!

2. 타르트 틀은 있는 것이 좋지만 없다면 종이컵으로 대체하세요.

3. 과자를 분쇄한 뒤 계란, 버터를 넣고 섞어 타르트 반죽을 만드세요.

4. 틀에 3을 채우고 전자레인지에 1분에서 1분 30초간 돌려 익히세요.

5. 완성된 틀에 녹인 초콜릿을 부어 표면이 고르게 만들고 20분 냉각!

6. 5를 꺼내 윗 부분에 토핑 재료와 갖가지 재료를 얹어 마무리하세요.

1. 유산지 틀 한 개 기준으로 초콜릿 50g, 크림치즈 100g을 사용합니다.

2. 준비한 초콜릿을 녹여주세요. 양이 넉넉할수록 만들기 편합니다.

3. 종이 틀에 초콜릿을 새는 곳 없이 꽉 채운 뒤 냉동실에 2시간 넣어주세요.

4. 3을 꺼내 핀셋으로 틀과 초콜릿을 분리해주면 초코 틀이 완성됩니다.

5. 크림치즈는 상온에 미리 녹인 뒤 사용하세요. 아몬드를 섞어 필링 제작!

6. 초콜릿 틀에 제작한 크림치즈 필링을 채우고 빵과 같이 드세요.

제누와즈

Genoise

"계량 찾느라 해먹은 계란이 한 판이 넘습니다."

사용 도구

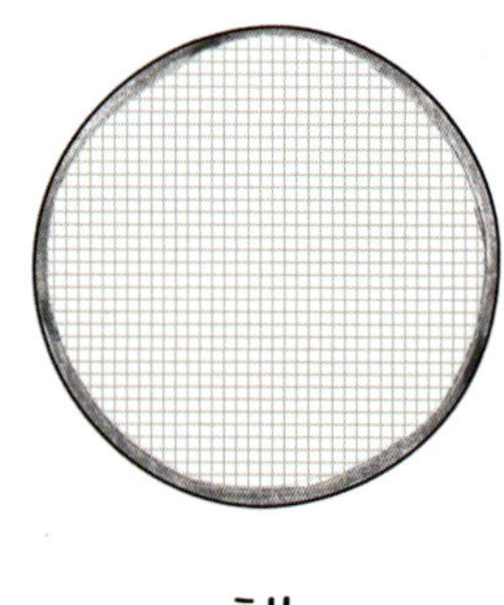

체

핸드믹서

전기밥솥

준비 재료

밀가루 120g

계란 6 개

설탕 120g

버터 30g

식용유
·
우유

주의사항

1. 설탕의 양은 머랭에 사용되는 설탕이 포함됩니다.
2. 식용유와 우유는 30g씩 숟가락 기준 3 ~ 4 숟갈 입니다.
3. 식힐 때 사용한 트레이에 따라 시트 자국이 변합니다.

계량을 확인하고 방법을 찾기 위해 만들었던 디저트 중 많은 실패작이 태어난 디저트입니다. 제작 방법에 조금이라도 문제가 있다면 맛과 모양이 달라졌고 재료 압축에도 고생이 많았습니다. 제누와즈를 해결하고자 계란 소모가 타 디저트에 비해 심각했으니깐요.

그리고 제누와즈는 반드시 별립법으로 제작을 해주셔야 촉촉한 케이크 시트가 나옵니다. 공립법까지 테스트를 해봤는데 케이크 맛이 나는 빵은 완성되지만 흔히 알고 있을 부드러운 식감의 포실한 케이크 시트는 절대로 나오지 않습니다. 그러니 귀찮고 힘들더라고 꼭 흰자와 노른자는 분리해주시고 머랭을 만들어 제작해주셔야 합니다.

케이크를 만들기 위해서 제누와즈를 만든다고 생각하시면 크기가 시트 2호에서 3호에 가깝다는 사실을 미리 염두 하시고 제작하는 것이 좋습니다. 일반적인 케이크 박스나 접시에는 허용되는 크기니깐 밥솥으로 제누와즈를 만든다고 해서 거대한 용량이 나오지 않으니 걱정하지 마시고 만들어 보세요!

1. 계란은 1개 줄여서 5개까지 사용해도 되지만 더 줄이면 안 됩니다.

2. 계란 흰자는 분리하여 설탕 60g을 넣어 머랭을 만들어 주세요.

3. 노른자에 남은 설탕, 우유, 식용유, 버터를 넣고 잘 섞어주세요.

4. 3에 밀가루를 넣고, 머랭까지 넣어 반죽을 마무리하세요.

5. 밥솥에 식용유를 바르고 반죽을 넣고 취사를 해주세요.

6. 만들자마자 바로 트레이로 이동해 식혀야 모양이 잘 잡힙니다.

1. 기본 재료는 동일하되 밀가루에 코코아 가루 50g 추가 됩니다.

2. 밀가루와 코코아 가루는 한곳에 모아 체에 걸러주세요.

3. 흰자는 머랭을 만들고 노른자는 분리해 나머지 재료와 섞으세요.

4. 노른자에 2까지 넣어 긁듯이 떡지지 않게 잘 섞어주세요.

5. 밥솥에 반죽을 담고 몇 번 아래로 내려쳐 공기를 확실히 제거하세요.

6. 완성되면 식힘망으로 옮기시고 처음 만들어진 자국은 끝까지 갑니다.

크림 케이크

Cream Cake

"아이싱, 데코 작업은 많은 연습이 필요합니다."

사용 도구

핸드믹서

준비 재료

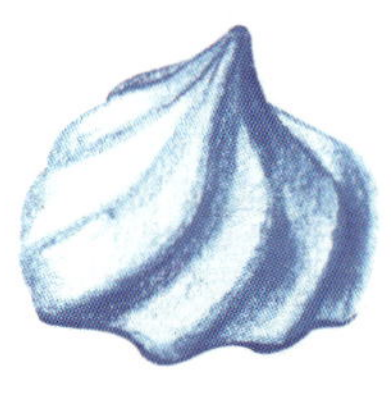

생크림 300g

설탕 30g

제누와즈 1 개

시럽
·
데코 재료

주의사항

1. 아이싱 작업을 하고자 하면 스패튜라가 필요합니다.
2. 케이크 시트 1호 기준으로 제작을 진행했습니다.
3. 시트 사이에 과일을 많이 넣으면 모양이 안 나옵니다.

　디저트를 다루는 본인의 센스나 감각이 가장 쉽게 드러나는 디저트입니다. 케이크는 단순히 시트 위에 시럽, 과일을 넣고 생크림을 채운 뒤 다시 이 과정을 반복하는 디저트가 아닙니다. 생크림에 색소만 섞어도 정말 생각지도 못한 모양의 케이크도 제작이 가능해집니다.

　데코레이션을 하는 방법을 설명 드리지 못 하는 점은 안타깝게 생각합니다. 아이싱도 원래는 돌림판과 스패츄라를 사용해 하나하나 잡아가며 이야기를 하지 않는 이상 디테일을 잡아드리기가 정말로 어렵습니다. 그렇지만 그래도 간단히 팁을 드리자면 절대 과도한 욕심을 부리지 마세요. 꾸미기 위해 이것저것 다 추가하다 보면 생각했던 케이크가 절대 나오지 않습니다.

　여담이지만 케이크 시트 1호 기준으로 적정 생크림은 300ml 정도입니다. 휘핑크림은 250ml 제품 한 개만 사용하면 충분히 사용하고도 남습니다. 그러니 케이크 준비할 때 너무 많은 재료를 한 번에 구비해서 하는 것보다는 재료를 조금씩 늘려가세요.

1. 케이크 접시는 가격이 저렴하니 인터넷에서 구매하면 됩니다.

2. 아이싱을 원하지 않으면 스패츄라 없이 주걱과 생크림만 준비하세요.

3. 시트에 케이크 시럽 또는 메이플 시럽을 고르게 발라주세요.

4. 과일잼, 과일 추가는 본인의 입맛, 취향대로 구성해서 쌓아주세요.

5. 그 위에 생크림을 덮고 다시 이 작업을 반복해주세요.

6. 마지막 아이싱 작업은 스패츄라와 돌림판이 없으면 힘들 수 있습니다.

1. 초코 제누와즈로 제작한 초코애플바나나게이크입니다.

2. 애플바나나처럼 두 가지 맛이 나는 과일을 구매해 사용해도 좋습니다.

3. 제누와즈에 시럽을 바르고 바나나를 동일한 크기로 썰어 넣습니다.

4. 그 위에 생크림을 옆으로 넘칠 정도로 듬뿍 얹어주세요.

5. 작업을 반복하고 생크림을 위에서 옆으로 차근차근 정리해주세요.

6. 초코 크런치를 뿌려 마무리 했지만 마지막 데코는 입맛대로!!!

아망드 쇼콜라

Amande Chocolat

"진짜 어렵습니다. 망칠 가능성이 꽤 높습니다."

사용 도구

유산지

준비 재료

아몬드 200g

초콜릿 200g

설탕
·
코코아가루

주의사항

1. 카라멜 코팅 이후 신속하게 분리하지 않으면 굳습니다.
2. 코팅 작업을 할 때 나무 젓가락을 쓰면 그나마 편합니다.
3. 코코아 가루를 많이 입히면 먹을 때 텁텁할 수 있습니다.

이 책에서 제공되는 디저트 중 제 기준으로 가장 높은 난이도가 아닐까 싶습니다. 설탕 시럽을 만든 뒤 카라멜 코팅, 코팅된 아몬드가 굳지 않게 제각각 분리 작업, 아몬드 모양을 살리기 위한 초콜릿 입히기 작업, 코코아가루로 마지막 코팅 작업까지 손이 엄청 많이 갑니다. 대신, 고생한 만큼 돌아오는 보상이 좋습니다.

아망드 쇼콜라를 한 입 먹으면 이 맛의 중첩을 적나라하게 느낄 수 있습니다. 정말 신기할 정도로 맛이 하나씩 느껴지다가 최종적으로 융합된 맛이 입안에서 춤을 춥니다. 처음에는 텁텁한 코코아가루가 초콜릿과 만나는 순간 완화되고 향을 올려주고 코팅된 아몬드가 고소한 맛을 뿜어내는 것으로 마무리하죠.

디저트를 쉽게 말하자면 아망드 쇼콜라가 아닐까 싶습니다. 다양한 맛을 차곡차곡 중첩하여 쌓아 올린 뒤 한 입 먹었을 때 중첩된 맛이 폭탄처럼 터져서 화려한 맛의 연찬을 일으키고 단 맛의 거센 바람을 불러오는 것이 디저트 아닐까요?

1. 초콜릿은 100g 정도 추가로 준비해야 초콜릿 코팅 작업이 편합니다.

2. 설탕 30g, 물 60g을 넣고 절대 건드리지 말고 약불에 녹여주세요.

3. 녹으면 아몬드를 넣고 갈색 결정이 겉면에 나올 때까지 볶아주세요.

4. 3을 꺼내 유산지 위에서 일일이 분리해 굳을 때까지 기다리세요.

5. 4에 녹인 초콜릿 가져와 조금씩 넣어가며 모양을 차근차근 잡으세요.

6. 5의 과정을 최소 4번 이상 반복한 뒤 코코아 가루로 마무리하면 끝!

1. 초콜릿에 화이트 초콜릿을 추가하고 슈가파우더를 준비해주세요.

2. 아몬드 카라멜 코팅은 동일한 방식으로 진행해주세요.

3. 화이트초콜릿 100g과 밀크 초콜릿 100g을 같이 녹여주세요.

4. 코팅된 아몬드를 가지고 와서 초콜릿을 천천히 넣어가며 저어주세요.

5. 4의 과정을 조금씩 천천히 할수록 모양이 고르게 나옵니다.

6. 슈가파우더를 뿌리고 잘 섞어주면 아망드 쇼콜라 완성됩니다.

브라우니

Bownie

"밥솥으로 만들면 한동안 밥에서 초코향이 납니다."

사용 도구

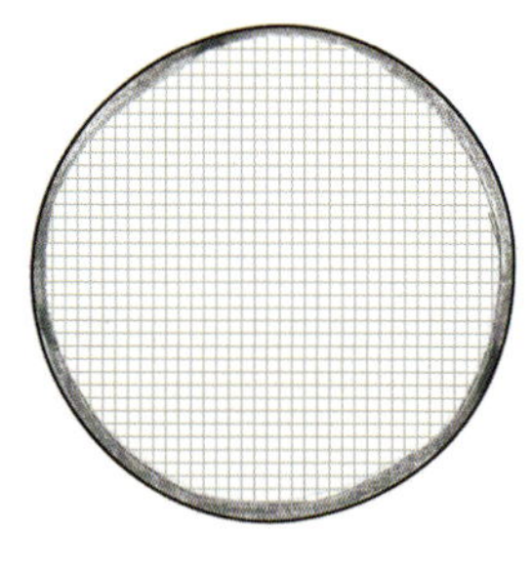

체

전기밥솥

전자레인지

준비 재료

밀가루 50g

계란 3 개

황설탕 50g

버터 50g

초콜릿 150g
·
코코아 10g

주의사항

1. 브라우니 제작 시 계피가루를 한 숟갈 넣어도 좋습니다.
2. 초콜릿이 뜨거울 때 계란에 넣으면 익을 수도 있습니다.
3. 가루 재료는 반드시 체에 걸러 사용하셔야 합니다.

전면을 고르게 익히고 맛있게 만들기 위해서는 전기밥솥 사용이 필수입니다. 그런데 사소한 문제가 있다면 브라우니를 만들고 난 뒤 한 일주일 정도는 전기밥솥에서 브라우니 냄새가 진동을 합니다. 세제로 닦고 햇볕에 말려보기도 했는데 들어가는 재료에 향이 강한 계피도 포함되어 있다 보니 밥을 먹기가 힘듭니다.

쌀밥을 만들어 먹어도 브라우니 맛이 나고 찜이나 죽 요리를 하더라도 브라우니 냄새가 납니다. 그런데 전기밥솥으로 만들게 될 모든 디저트가 이런 고충이 분명히 있을 것입니다. 생각했던 것보다 냄새가 훨씬 강할 수도 있고 식사를 하는 데 있어 문제가 발생될 부분이 많긴 합니다.

그래서 디저트랑은 상관없긴 하지만 전기밥솥에서 디저트 냄새를 지우는 제 방법을 하나 소개해볼까 합니다. 밥솥을 꺼내 식초 물을 만들어 설거지를 한 번 하고 다시 세제로 깨끗이 설거지를 한 번 더 합니다. 그런 뒤 햇볕에 말리면 디저트 냄새가 사라지긴 했습니다. 그러니 냄새가 심해 다소 불편하다면 이 방법으로 해결하셔도 좋습니다!

1. 황설탕이 없으면 백설탕으로 대체해도 괜찮습니다. 계피는 취향껏!

2. 버터와 초콜릿을 따로 중탕해서 녹여주세요. 계란도 따로 준비!

3. 초콜릿에 황설탕과 계피를 넣고 잘 섞어주세요.

4. 계란에 3을 넣고 체에 거른 밀가루와 코코아가루를 같이 넣어주세요.

5. 만들어진 반죽을 밥솥에 넣고 바닥으로 힘껏 내리쳐 기포를 빼주세요.

6. 취사를 하고 완성된 브라우니를 꺼내 한 번 식힌 후에 드세요.

1. 1인분 머그컵 간단 브라우니 버전입니다. 견과류는 마음대로 구성!

2. 초콜릿 50g, 계란, 견과류, 설탕 & 밀가루 20g, 버터 10g을 씁니다.

3. 초콜릿을 녹이고 거기에 버터와 설탕을 넣고 잘 녹여주세요.

4. 3에 밀가루와 견과류를 넣고 고르게 섞이도록 한 번 저어주세요.

5. 머그컵에 완성된 반죽을 넘치지 않게 채운 후 전자레인지에 돌리세요.

6. 1분에서 1분 30초 정도 돌리면 간단 브라우니가 완성됩니다.

수플레

Souffle

"뜨거울 때 먹어야 가장 맛있는 신기한 디저트!"

사용 도구

전자레인지

핸드믹서

준비 재료

밀가루 20g

크림치즈 100g

설탕 30g

계란 2 개

버터 20g

주의사항

1. 머랭이 금방 가라앉으니 제작 후 바로 드세요!
2. 크림치즈 대신 다른 재료를 넣어도 괜찮습니다.
3. 수플레 안에 건과일, 견과류 추가는 적극 추천합니다.

　메인 사진을 보고 놀라셨을 것 같네요. 여기서는 치즈 수플레와 수플레 오믈렛을 레시피로 제공해드립니다. 수플레는 머랭을 사용하는 요리의 대부분 허용되는 단어라 일상에서 해먹을 수 있을 레시피도 하나쯤은 넣고 싶은 생각에 수플레 오믈렛을 추가했고 마침, 사진도 잘 나와서 메인으로 넣어놨습니다.

　다른 디저트는 식히거나 냉동실에 넣어 얼린 다음 작업을 이어가고 먹는 경우가 많습니다. 디저트 전반적으로 먹는 온도가 낮으나 수플레는 이상하게도 뜨거울 때 먹어야 하는 디저트입니다. 만들 때도 쉽게 부풀어 오르고 맛도 좋고 입에서 살살 녹는 식감이 솜사탕과 같다고 표현을 할 수 있지만 따뜻함이 사라지는 순간 당황할 수 있습니다.

　숨이 죽고 천천히 가라앉아가는 수플레를 먹게 되면 이게 무슨 맛이지? 내가 알고 있던 맛이 맞나? 라는 의문이 계속 생깁니다. 오믈렛으로 예시를 들자면 안에 넣은 머랭이 가라앉고 수분을 배출하고 계란 비린내가 요리에 섞이게 되니 항상 주의해주세요!

1. 치즈는 상온에 미리 30분 정도 놔둔 뒤 사용해야 재료와 잘 섞입니다.

2. 크림치즈와 계란 노른자 두 개, 버터를 골고루 섞어주세요.

3. 분리한 흰자 두 개로 설탕을 넣고 머랭을 만들어주세요.

4. 2에 밀가루를 넣고 머랭을 나눠서 넣고 섞기를 3번 정도 반복해주세요.

5. 만든 반죽을 머그컵 2/3만큼 채워서 전자레인지에 1분간 돌려주세요.

6. 덜 익었다면 30초 더 돌리고 꺼내서 바로 음료와 같이 드시면 됩니다.

1. 계란은 총 3개를 사용합니다. 2개는 분리 1개는 계란물을 만드세요.

2. 계란 2 개 분량의 흰자로는 머랭을 만들어주세요.

3. 노른자 2 개, 계란 1 개로 오믈렛에 들어갈 베이스를 만드세요.

4. 기름을 두른 팬에 약불로 예열을 한 뒤 계란물을 둘러주세요.

5. 어느 정도 익으면 머랭을 적당량 덜어 얹고 계란말이처럼 만드세요.

6. 럭비공 모양으로 머랭을 덮어 만들어주시면 됩니다. 소스는 취향껏!

프라푸치노

Frappuccino

"자바칩 프라푸치노를 워낙 좋아해서 만들었습니다."

사용 도구

믹서기

준비 재료

우유 200g

초콜릿 시럽

에스프레소 1 샷
코코아가루 2 숟갈
초코칩 1 숟갈
얼음 1 컵

주의사항

1. 에스프레소가 없다면 커피 믹스에서 커피만 쓰세요.
2. 휘핑크림 추가는 이 음료에서는 추천드리지 않습니다.
3. 딸기잼 대신 생딸기 3 ~ 4개를 으깨서 써도 됩니다.

　개인적으로 돈을 주고 사 먹어도 아깝지 않다고 생각될 음료 중 하나가 별다방에서 판매하는 자바칩 프라푸치노라고 생각합니다. 방문하면 항상 벤티 사이즈에 휘핑크림 얹고 초코 시럽 추가까지 해서 지나치게 달게 만들어 사 먹을 정도로 사랑합니다. 사실 커피류를 잘 못 즐겨서 음료를 찾는 것도 있습니다.

　아무튼, 그래서 프라푸치노를 만들 때 생각했던 것은 별다방에서 자주 사 먹었던 자바칩 프라푸치노와 딸기크림을 떠올렸습니다. 자바칩을 구할 수는 있었는데 그것보다는 노오븐 디저트 책 전반적으로 자주 사용하는 재료를 이용해 실제 사용 재료와는 다르지만 비슷한 맛을 연출하는 것을 목표로 잡았습니다.

　서브 레시피의 딸기크림은 원래 딸기시럽을 7 ~ 8회 정도 펌핑해서 추가하는 것이 맞지만 이거 하나 해먹자고 시럽을 구비하는 것은 좀 아니라고 생각해서 잼으로 변경했습니다. 딸기잼 레시피도 앞에 있고 근처 마트에서 싸게 얼마든지 구입이 가능하니 도전해보세요!

1. 에스프레소 샷 대신 더치커피 원액이나 커피믹스 제품을 써도 됩니다.

2. 초콜릿 시럽은 4숟갈 사용했으나 더 늘려도 됩니다.

3. 믹서기가 없다면 잔얼음을 사서 재료를 섞는 방법을 써도 됩니다.

4. 믹서기가 있다면 모든 재료를 넣고 갈아주세요. 얼음이 크면 안 갈려!

5. 얼음이 전부 갈렸는지 확인하고 잔에 따라 먹으면 됩니다.

6. 완성된 음료에 휘핑크림을 넣으면 맛이 연해지니까 넣지 마세요!

1. 딸기잼 4 숟갈, 연유 3 숟갈, 우유 200ml, 얼음 1컵을 사용합니다.

2. 잼과 연유로 딸기크림 프라푸치노 맛이 날 수 있게 연출했습니다.

3. 얼음과 딸기잼, 연유만 넣고 갈아줍니다. 연유나 잼 추가는 얼마든지!

4. 얼음과 나머지 재료가 고르게 갈렸으면 잔에 반절을 담아주세요.

5. 우유를 붓고 나머지 4를 넣어주면 완성됩니다.

6. 바로 먹지 말고 5분 정도 기다렸다 고르게 섞이면 드셔보세요.

Speciality

"노오븐 디저트를 제작하면서 Lafen이라는 사람만
만들 수 있을 디저트를 만들고 싶었습니다.
새로운 영역은 아니지만 그런 디저트를 소개합니다."

 주 사용도구 

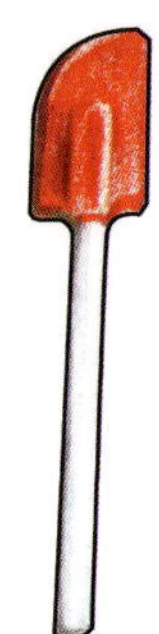  

난이도

기존의 디저트를 활용, 응용하는 레시피 입니다.
앞에서 디저트를 만드셨다면 정말 쉽습니다.

소요시간

레시피 제작 : 30 ~ 60분
냉동 및 추가 시간 : 2 ~ 5시간

주 사용 재료

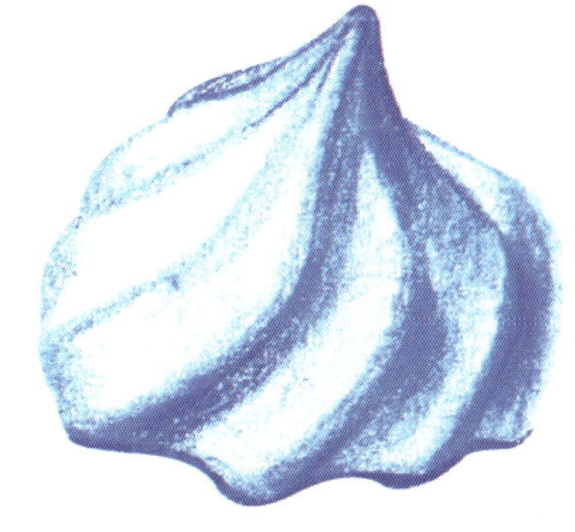

요상한 푸딩

Strange Pudding

"라떼 음료쪽을 한 번 다시 보고 시작해봐요!"

사용 도구

병

준비 재료

우유 200g

설탕 20g

녹차가루

·

홍차 티백

·

젤라틴 가루

주의사항

1. 젤라틴 가루보다는 판으로 만드는 것이 더 편합니다.
2. 다른 음료로 만들어도 전혀 문제가 없습니다!
3. 가루로 제작 시 잘 안 섞이면 모양이 흉해집니다.

　솔직히 고백하자면 철저한 계획과 논리 과정을 거쳐 제작한 것이 아닌 실험에 가까운 디저트 제작이었습니다. 앞서 말했듯이 저는 푸딩을 못 먹습니다. 하지만 음료의 색깔, 형체가 그대로 굳어 만들어지는 것이 너무 매력적이었죠. 상상하는 모습 그대로 디저트가 나오는 것이 너무 신기했습니다.

　그래서 우유 푸딩을 만든 후에 한 번 도전을 해봤습니다. 밀크티와 녹차라떼를 이용해 푸딩을 한 번 만들어보자! 라는 생각으로 만들어진 푸딩이 바로, 이 요상한 푸딩입니다. 결국 본인이 만드는 모든 음료가 푸딩이 될 수 있다는 점이죠.

　모든 일이 그렇지만 기획하고 생각한 그대로 현실에 구현시키는 작업이 제일 재미있는 것 같습니다. 특히, 요리라는 분야 중 디저트는 연출한 모습을 완벽히 재현시키는 것이 가능하지 않을까 싶습니다. 도전은 그렇게 어려운 행동이 아닙니다. 이런 요상한 푸딩을 만드는 것도 도전이고 성공이 될 수 있어요.

1. 밀크티와 동일하게 준비하고 젤라틴 가루 한 숟갈만 추가 준비하세요.

2. 얼그레이 티백을 400ml 뜨거운 물에 두 개 우려내주세요.

3. 홍차에 우유와 꿀, 설탕을 넣고 미지근해질 때까지 기다리세요.

4. 밀크티 250ml에 젤라틴 가루 1 숟갈을 넣고 뭉치지 않게 섞어주세요.

5. 병은 끓는 물에 소독하고 물기를 제거한 뒤 4를 채워주세요.

6. 냉장고에 4시간 놔둔 뒤 시럽을 얹으면 완성입니다.

1. 재료는 녹차라떼와 동일합니다. 젤라틴 가루와 병만 추가!

2. 녹차가루와 설탕, 우유를 넣고 녹차라떼를 만들어주세요.

3. 녹차라떼 250ml에 젤라틴 가루 1숟갈을 넣고 섞어주세요.

4. 잘 섞이지 않는다면 어느정도 섞고 체에 거른 다음 넣어도 됩니다.

5. 병은 꼭 끓는 물에 소독하세요. 소독하지 않고 사용하면 곰팡이 발생!

6. 시럽은 먹기 직전에 넣어 드시거나 초콜릿 시럽을 넣어도 됩니다.

샌드 케이크

Sand Cake

"빵, 아이스크림 흔히 생각날 수 있는 바로 그 것."

사용 도구

종이컵

준비 재료

제누와즈

초콜릿 시럽

아이스크림

주의사항

1. 종이컵은 1/3 정도는 잘라주셔야 크기가 적당합니다.
2. 초콜릿 시럽은 냉동실에 넣어도 잘 얼지 않습니다.
3. 아이스크림은 녹기 바로 직전에 사용해야 합니다.

　레시피 제작 중 재료를 많이 소모하고 시험작이 가장 많이 나온 디저트가 카스테라랑 제누와즈였습니다. 처음에는 먹으면서 치웠는데 시간이 지날수록 먹어서 해결이 안 되는 상황이라 제누와즈로 새로운 디저트를 만들어 보자라는 생각에 샌드 케이크를 만들었습니다.

　정식 명칭은 아이스크림 샌드 케이크라고 할 수 있네요. 아무튼 디저트 책을 만들면서 있을 만한 재료와 한 번쯤은 만들었을 디저트의 조합으로 만드는 레시피라 도구까지 최대한 줄여봤습니다. 종이컵으로 전부 해결이 가능합니다. 빵도 종이컵으로 꾹 누르면 잘리고 담는 공간으로도 아주 제격이고 제거할 때도 가위질 몇 번이면 제거가 가능합니다.

　요리는 항상 하나와 또 다른 하나를 더합니다. 그렇게 디저트에 저마다의 색깔이 들어가게 되고 각자의 스토리 보드가 만들어지게 됩니다. 처음에는 어려울 수 있습니다. 그러면 작은 것부터 시도를 해보세요. 반죽에 아몬드 가루를 섞거나 사탕가루를 뿌리거나 그런 간단함이 당신의 디저트를 완성시킬 거예요.

1. 아이스크림은 미리 꺼내놓고 살짝 녹기 직전에 시작을 해주세요.

2. 종이컵은 윗 부분 1/3만큼만 잘라내고 사용합니다.

3. 종이컵으로 제누와즈를 자르고 맨 바닥에 깔고 시럽을 채워주세요.

4. 3을 15분간 얼린 뒤 녹아가는 아이스크림을 적당량 채워주세요.

5. 시럽 추가는 취향대로 하고 남은 제누와즈로 뚜껑을 덮어주세요.

6. 냉동실에서 3 ~ 4시간 정도 얼린 뒤 드시면 됩니다.

1. 딸기 아이스크림과 초콜릿 시럽을 사용한 번외 버전입니다.

2. 제누와즈 커팅은 종이컵 한 개 가지고 꾹 눌러주면 매끄럽게 잘립니다.

3. 제누와즈를 종이컵 바닥에 깔고 초콜릿 시럽, 아이스크림을 넣으세요.

4. 딸기 아이스크림이 아닌 다른 아이스크림을 사용해도 괜찮습니다.

5. 그 위에 생크림을 살짝 얹어 3중으로 탑을 쌓아줍시다.

6. 냉동실에 4시간 정도 얼린 뒤 드세요. 초콜릿 시럽은 잘 안 얼어요!

아이스 찰떡

Ice Rice Cake

"냉동실과 친해지세요. 자주 볼 사이니깐!"

사용 도구

전자레인지

준비 재료

팥앙금
·
아이스크림
·
전분가루

찹쌀가루 250g　　　물 150g　　　설탕 2 숟갈　　　소금 반 숟갈

주의사항

1. 찹쌀떡은 대량으로 만드는 편이 떡이 더 잘 나옵니다.
2. 앙금이 없다면 팥 아이스크림으로 대체가 가능합니다.
3. 아이스크림으로 모양을 잡고 반드시 다시 얼려주세요.

찹쌀떡을 만들 때 과일찹쌀떡까지 만들고 남은 재료로 장난감처럼 만지고 놀다가 문뜩 반죽이나 앙금을 바꿔서 만들어볼까? 라는 생각이 들었습니다. 반죽에 코코아가루나 시중에 판매되는 특이 가루를 사용하면 다양한 반죽이 되지만 책 안에 기재될 디저트로 바꾸자니 단일 재료로 사용돼서 포기했습니다.

그런데 앙금은 달랐습니다. 아이스크림이나 생크림, 팥앙금과 융합하거나 독자적인 개체로 사용해도 괜찮다는 것이었죠. 아이스크림은 싸게 판매하는 일부 제품을 사용해도 됩니다. 이래나 저래나 어떤 재료를 사용하더라도 1 숟가락이 떡 내부에 들어갈 앙금으로 사용하기 적당한 양입니다.

안에 무슨 재료를 담는지, 어떤 이야기를 담는지에 따라 이름과 맛이 변합니다. 떡이라는 공통점 아래 수많은 갈래를 찾아 떠나는 모험도 꽤 유쾌했습니다. 이처럼 새로운 맛의 세계로 여행을 떠나보는 것은 어떨까요?

1. 찹쌀떡 반죽을 제작하는데 기존 찹쌀떡의 1/2의 계량 버전입니다.

2. 반죽 제작 방식은 동일합니다. 찹쌀가루에 물, 소금, 설탕을 섞으세요.

3. 전자레인지에 1분 30초씩 3번 돌린 뒤 전분 가루로 코팅해주세요.

4. 완성된 반죽과 전분 가루를 뿌린 트레이와 앙금을 준비하세요.

5. 적당량 반죽을 덜어 앙금을 얹은 뒤 떡을 만들고 전분 가루에 코팅!

6. 완성된 찰떡은 냉동실에 30분 ~ 1시간 냉각시킨 뒤 드세요.

1. 팥앙금, 생크림, 딸기잼, 아이스크림 등 특이 앙금 제작법입니다.

2. 팥앙금 200g과 휘핑한 생크림 2숟갈을 잘 섞어주세요.

3. 만들어진 2 앙금은 냉동실에 30분 정도 냉각시킨 뒤 사용합니다.

4. 3을 기준으로 아이스크림도 동일한 모양으로 제작하고 30분 냉각!

5. 아이스크림은 제품 아이스크림을 사용해도 정말 괜찮습니다.

6. 냉각된 앙금은 금방 녹으니 떡 반죽이 완성되자마자 바로 사용하세요.

브라우니 파이

Chocolate

"초콜릿을 겉에만 코팅하는 것은 정말 어려워요."

사용 도구

핸드믹서

준비 재료

생크림 50g

초콜릿 150g

딸기잼

브라우니, 제누와즈

주의사항

1. 생크림은 많이 없어도 됩니다. 요리하다 남으면 하세요.
2. 근처 빵집에서 식빵이나 카스테라로 만들어도 됩니다.
3. 초콜릿 코팅은 천천히 급하게만 하지 말아주세요.

　미리 밝히지만, 모티브는 전주에서 유명한 초코파이에서 따왔습니다. 처음 먹어봤을 때 우와 조합을 이렇게 짜? 하며 신기하게 다 먹은 경험이 있었습니다. 실제로도 초코파이 한 박스 사와서 주변 사람들한테 나눠주기도 했죠. 그래서 책 내부에 제공된 디저트 중 일부를 활용하면 분명히 비슷하지만 조금 다르게 만들 수 있을 것 같은 자신감으로 제작했습니다.

　버전을 두 가지로 해서 제작해봤습니다. 브라우니와 제누와즈를 사용했고 내부에 들어가는 재료는 일부러 통일했지 얼마든지 변형이 가능합니다. 초코시럽을 내부에 채운 뒤 외부에 크림치즈를 발라도 전혀 상관이 없고 더 맛있을 것이라고 자부합니다. 맛이 없는 것이 더 신기하겠죠?

　유명한 제품이나 음식도 얼마든지 비슷하게 만들어낼 수 있습니다. 한 번 맛보고 무슨 재료를 이용했을까? 비슷한 맛을 내는 재료에는 무엇이 있을까? 라는 고민에서 태어나는 것이 요리입니다.

1. 내부에 들어갈 재료나 코팅 초콜릿은 마음껏 변경이 가능해요!

2. 화이트 초콜릿은 미리 뜨거운 물 위에 올려두고 녹여주세요.

3. 브라우니는 컵으로 커팅해 원형 모양으로 준비해주세요.

4. 브라우니 중앙에 딸기잼 그리고 외곽에는 생크림을 발라주세요.

5. 남은 브라우니를 얹어 하나의 케이크를 만드시면 됩니다.

6. 5를 가지고 2로 겉면을 코팅하거나 윗부분에 모양을 남기면 됩니다.

1. 제누와즈, 딸기잼, 생크림, 초콜릿 시럽을 준비합시다.

2. 제누와즈는 원형 모양으로 2 개 준비해주시면 됩니다.

3. 한 면에는 딸기잼과 초콜릿 시럽을 다른 면에는 생크림을 발라주세요.

4. 밀크 초콜릿 150g을 중탕해서 녹여주세요. 다른 초콜릿을 써도 OK!

5. 만들어 놓은 제누와즈에 녹인 초콜릿을 천천히 흐르도록 부어주세요.

6. 2시간 정도 기다렸다가 덩어리진 초콜릿만 제거하면 완성됩니다.

초코 케이크

Chocolate Cake

"정 많은 과자랑 많이 닮았죠? 나름 고생했습니다."

사용 도구

핸드믹서

준비 재료

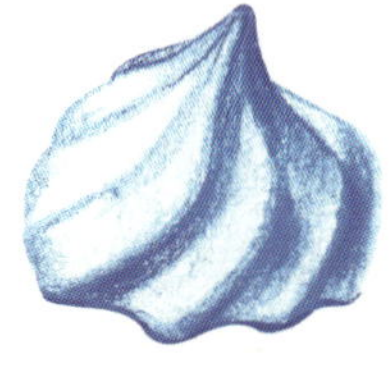

생크림 300g

초콜릿 200g

제누와즈

초콜릿잼

주의사항

1. 과일을 추가하면 모양이 매끄럽게 나오지 않습니다.
2. 파베 초콜릿을 만들어 사용해도 아주 좋습니다.
3. 코팅으로 쓰는 글라사주 레시피는 서브 레시피 참조!

　스페셜리티의 주목적은 책 내부에 있는 레시피와 모든 디저트를 통해 흔히 알 수 있을 대중적인 디저트나 제품을 따라 하거나 만들어낼 수 있는 길을 알려드리는 것을 목표로 잡았습니다. 그래서 낯익은 품목이 나올 수도 있고 어? 이거 그거 아닌가? 하고 연상될만한 물건이 상당히 많습니다.

　그래서 이번 스페셜리티도 우리가 살면서 한 번쯤은 먹었을 간식의 모양으로 만드는 것을 1차로 잡고 글라사주라는 케이크 코팅에 관한 방법 소개가 2차적인 목표였습니다. 덕분에 진짜 기가 막히게 똑같은 모양으로 나오기는 했습니다.

　어떠한 음식이든 똑같이 만들어 보는 것이 나쁜 행위는 아닙니다. 많은 고민과 생각이 필요로 합니다. 정말 100% 똑같은 재료, 같은 방법으로 제작할 수는 없습니다. 하지만 다른 방법, 다른 재료를 활용해 만드는 것만으로도 하나의 도전이고 요리에 흥미를 가지는데 절대적인 도움이 될 수 있다고 말씀드리고 싶어요.

1. 만드는 방식은 생크림 케이크 작업과 유사하니 보고 와주세요!

2. 초콜릿 잼이 있다면 사용해주시고 없다면 시럽만 사용하셔도 됩니다.

3. 초콜릿 잼과 시럽을 케이크에 넘치지 않게 골고루 발라주세요.

4. 그 위 크림을 바르고 같은 과정을 반복해 생크림 케이크를 만드세요.

5. 4에 글라사주를 천천히 부어주세요. 코팅막이 생길 때까지 대기!

6. 녹인 초콜릿을 5에 과하지 않게 차근차근 부어주시면 케이크 완성!

1. 젤라틴 2 숟갈, 코코아 가루 & 설탕 & 물 & 생크림 & 물엿 50g씩 준비!

2. 케이크에 코팅할 초코 글라사주 제작입니다. 다른데 활용 가능해요!

3. 설탕, 물, 생크림, 물엿을 넣고 거품이 올라올 때까지 끓여주세요.

4. 3이 끓기 시작하면 불을 낮추고 나머지 재료를 넣고 섞어주세요.

5. 너무 뜨거우면 젤라틴이 섞이지 않으니 온도도 주의해주세요.

6. 코코아 가루 대신 초콜릿을 넣어도 좋고 케이크에 사용하시면 됩니다.

치즈 케이크

Cheese Cake

"달게 먹고 싶다면 설탕을 추가하세요. 다만, 비추천!"

사용 도구

전기밥솥

준비 재료

요거트
70g
과자

밀가루 200g   크림치즈 200g   우유 200g   계란 2 개

주의사항

1. 반죽을 떡으로 만들면 치즈 떡이 완성됩니다. 조심!!!
2. 과자 반죽 수분이 너무 많으면 과자를 더 추가하세요.
3. 빵 느낌을 내고 싶으면 밀가루 비율을 조금 높이세요.

 노오븐 디저트를 기획하면서 메인 레시피로 생각한 디저트를 만들 때는 한 가지 신념을 세웠습니다. 완제품을 이용하기보다는 재료를 직접 활용하고 도구를 적극적으로 활용하여 만들어가는 레시피를 만들어 보자.

 그리고 스페셜리티로 넘어오면서 일부분 수정하게 되었습니다. 일부 완제품이나 기존 디저트를 통해 접근성을 높이고 좀 더 쉽게 다가가는 방법으로 제공해야겠다. 그래서 마지막 스페셜리티는 그야말로 완제품의 향연이 펼쳐지는 재료 소개를 마주할 수가 있습니다.

 플레인 요거트, 과자, 크림치즈 등 제품 활용이 가장 많은 디저트입니다. 그래서 다른 디저트를 도전하기 겁이 난다면 치즈 케이크 제작을 추천합니다. 재료를 한곳에 모은 뒤 섞고 밥솥에 굽는 것이 끝이에요. 사실 따지고 보면 모든 요리는 간단합니다. 겁내지 마세요. 편하게 생각하고 실패를 두려워할 필요가 없어요. 누구나 실패를 하면서 성장하잖아요? 늘, 즐거운 디저트의 단 길이 펼쳐지길 기원합니다.

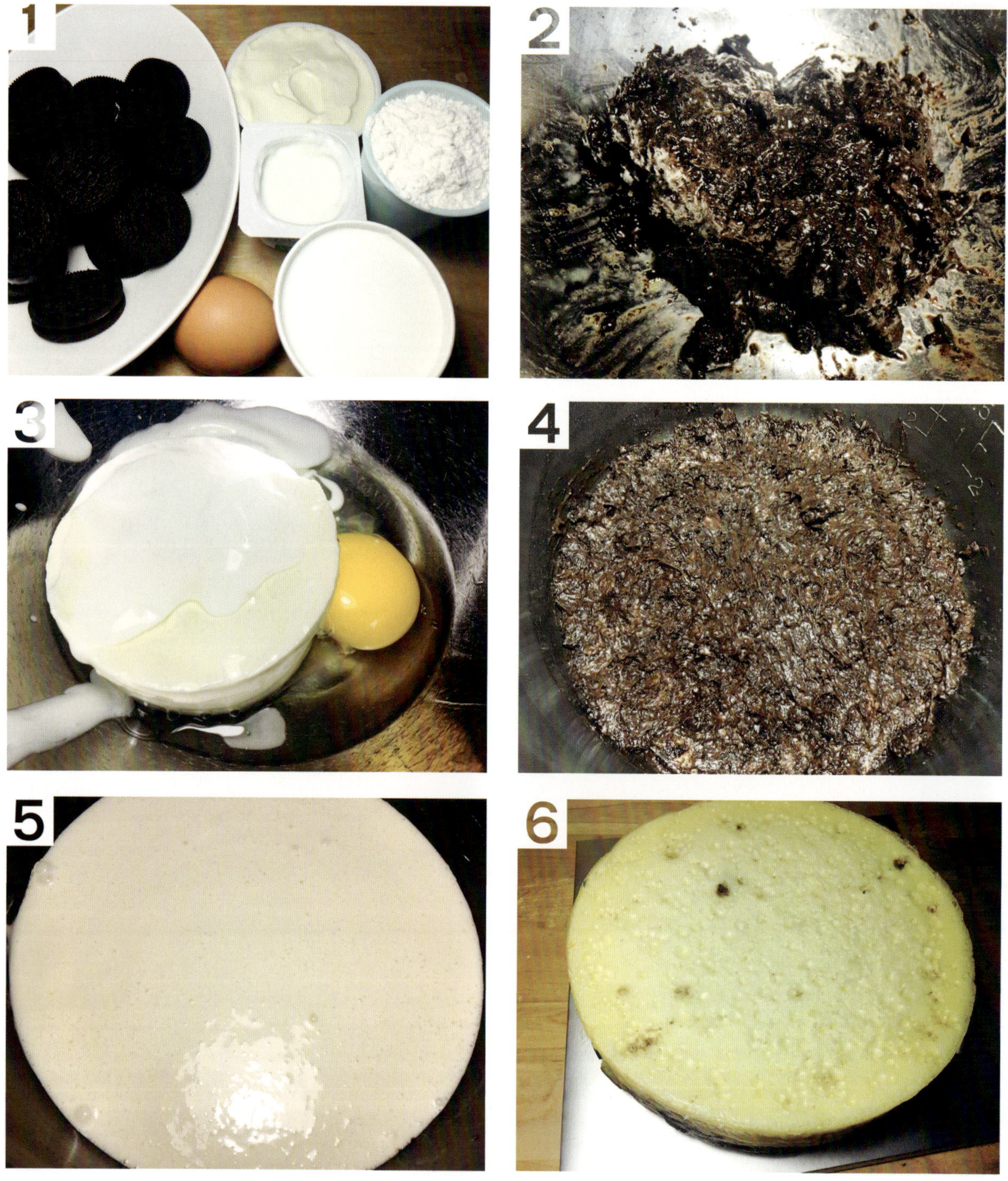

1. 과자는 오레오 16개를 사용했습니다. 플레인 요거트 1 개면 됩니다.

2. 과자는 분쇄한 뒤에 계란 1 개와 섞어 베이스를 만들어주세요.

3. 크림치즈와 계란, 우유, 밀가루를 섞고 치즈 반죽을 만드세요.

4. 밥솥에 식용유를 바르고 2로 바닥 만들듯이 평평하게 깔아주세요.

5. 치즈 반죽을 4 위에다가 붓고 바닥으로 내리쳐 기포를 빼주세요.

6. 취사 한 뒤 꺼내 차갑게 식힌 후 시럽을 뿌려 드시면 됩니다.

1. 마가렛트 과자를 사용한 버전이며 과자 14개를 사용합니다.

2. 과자를 산산조각내서 가루로 만들고 계란 1 개를 넣고 섞어주세요.

3. 나머지 재료는 한곳에 모아서 섞고 밀가루는 체에 걸러 넣어주세요.

4. 밥솥에 기름이나 버터를 발라줘야 취사 후 꺼낼 때 용이합니다.

5. 바닥에는 2를 얇고 평평하게 깔아주시고 3으로 가득 채워주세요.

6. 취사 후에 좀 더 달달하게 먹고 싶다면 설탕 시럽을 추천합니다.

에필로그

"힘든 여정이었지만 스토리펀딩 후원자 307분의
도움으로 이 책과 노오븐 디저트를 성공적으로
완주할 수 있었던 것 같습니다. 감사합니다."

밀가루

작가 후기

Epilogue

23GB, 사진 약 5천장, 계란 5판 이상 그리고 많은 디저트 재료.

생전 처음 보는 재료들과 방식들까지 익히는데 많은 시간이 걸리긴 했네요. 가장 먼저 책을 받아볼 스토리펀딩 후원자분들에게 미리 책 배송이 늦어진 점 사과를 드리고 시작하겠습니다.

이것으로 실제 책을 쓰는 것은 3번째네요. 첫 번째는 Lafen이라는 필명으로 판타지 소설을 출간했고 두 번째는 자취요리백과로 요리책을 크라우드 펀딩 받아 제작했지만, 정식적으로 출간은 하지 않았고 세 번째는 노오븐 디저트 지금 이 책이 되겠네요. 노오븐 디저트 이 책도 다음카카오 스토리 펀딩을 통하여 후원을 받으면서 제작하게 됐지만, 저에 대한 도전에 가까웠던 것 같았습니다.

오븐을 사용하지 않지만 방에 꼭 있을 전자레인지나 전기밥솥 그리고 몇 가지 도구를 활용해 만들 수 있는 디저트의 길을 찾고 야매로 뚝딱 만들 방법을 계속 생각하고 도전했습니다. 가끔 지나친 도전으로 인해 핸드믹서 엔진을 터트리기도 했죠. 그렇게 장비도 날리고 손목 상태도 날린 적도 있었지만 재미있었습니다.

내가 모르고 어렵다고 생각한 분야가 막상 해보니 쉽고 재밌구나.

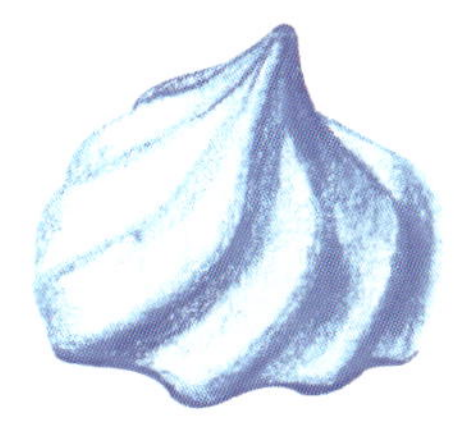 

전 요리를 따로 전문적으로 배운 적이 없습니다. 학원이나 교육 영상 하나 안 보고 전부 독학으로 해결했고 어머니가 한식, 양식 자격증 따실 때 공부하신 책을 빌려서 이론 공부를 대신 했었습니다. 그러면서 페이스북 페이지 자취요리백과와 카카오 플러스친구 Lafen's Factory까지 운영하게 되면서 요리나 콘텐츠 제작에 많은 관심을 가지게 되었습니다.

그래서 현재 요리만 만드는 것이 아니라 여행기, 소설, 게임 제작 등 다양한 콘텐츠 제작과 작품 제작을 위해 힘쓰는 중입니다. 그래도 가장 메인으로 생각하고 있는 것은 요리입니다.

굳이, 전문적인 기술이 있어야 할 필요는 없습니다. 편하게 생각하세요. 내가 먹고 싶은 음식을 만든다. 내가 원하는 재료를 마음껏 빼거나 추가한다. 그리고 음식을 선사해주고 싶은 사람에게 맛있게 요리해서 준다. 디저트나 요리나 너무 어렵게 생각하고 부담감을 안 느꼈으면 좋겠어요.

누구나 실패는 합니다. 당연히 처음은 어렵습니다. 저도 요리 처음 할 때는 냄비 태워 먹기도 했어요. 그저, 자신의 의견을 피력할 수 있는 용기만 있으면 됩니다. 어떠한 요리든 디저트든 하나의 접시 아래 본인의 이야기를 맛으로 그려내는 여정이라 생각하고 이 노오븐 디저트로 여행을 떠난 저의 도전기를 보며 힘을 내셨으면 합니다.

그림작가 후기

Epilogue

    안녕하세요. 저는 이번 노오븐 디저트 책표지 디자인을 담당하게 된 디자이너 김지묘입니다. 현재 대학교 4학년을 다니고 있는 디자인과 학생인데요. 저는 사람들의 꿈이 담긴 이야기를 시각적으로 스토리텔링 해주는 일들을 즐기고 있는 사람입니다. 미래에는 저 스스로의 브랜드를 탄생시키는 것이 큰 꿈인데요. 때문에 디자이너로 활동하며 사람들의 다양한 꿈과 목표를 접하고, 저의 길을 탐색해가는 배움의 과정을 거치고 있습니다.

    저는 목표와 꿈이 뚜렷해 사람들에게 전해야 할 이야기가 많은 프로젝트들을 좋아합니다. 그런 점에서 작가님의 책은 자신의 꿈과 목표가 뚜렷했습니다. 디저트 전문가분들의 입장에서는 결과물이 서툰 책일 수 도 있지만 그럼에도 시도하는 작가님의 열정이 느껴지는 책이었기에 그 과정의 모습을 그대로 보여줄 수 있는 책표지 디자인을 만들어 드리고 싶었습니다.

　책표지의 그림을 보면 디저트 섬으로 탐험을 떠나는 작가님의 모습을 색연필 일러스트 작업을 통해 표현했습니다. 주로 컴퓨터로 디자인 작업만 해오던 저에게도 일러스트 그림을 그리는 건 조금은 생소한 작업이었는데요. 작가님의 도전을 정성스럽게 표현하기에는 이 방법이 더 좋다고 생각했습니다. 처음 해보는 디자인 방법이었지만 저도 시도해보고 싶었습니다.

　이 책을 보시는 모든 분들께 서툴지만 그렇기에 또 다른 매력이 있는 이 책을 있는 그대로 즐기고 좋아해주셨으면 하는 바램이 있습니다. 요리 세계에서 스스로 성장해가는 작가님의 모습을 그림들과 글들을 보시며 있는 그대로 즐기신다면 감상하시는데 참 의미가 있을 듯합니다. 그러면 작가님과 또 다른 활동으로 찾아뵙도록 하겠습니다. 다음에 또 보아요~!

간단 팁

Simple Tip

- 과일은 가격 & 품질 때문에 도매시장에서 구매합니다.
- 제철에 맞춰 구매하는 것이 제일 좋습니다.
- 과일 사용시 반드시 세척은 청결하게 합시다!

- 미개봉 상태에서 사용하지 않으면 냉동실에 넣어둡시다.
- 개봉 이후에는 냉장 보관하되 일주일 내로 사용합시다.
- 분리현상이 발생되면 망설이지 말고 바로 버리세요.

- 밀가루는 다 필요 없고 무조건 박력분을 사용했습니다.
- 습기가 많은 곳에 보관하지 마세요!
- 밀가루도 오래되면 사용하기 적합하지 않습니다.

- 버터는 대용량 450g 단, 1 개만 구매해서 사용했습니다.
- 온도 변화에 민감해 손으로만 만져도 녹습니다.
- 냉장 보관을 하시고 사용하기 30분 전에만 실외 보관!

- 견과류는 믹스넛 제품을 구입하는 편이 편합니다.
- 가격이 비싸다면 하루 견과와 같은 상품을 사용하세요.
- 디저트에 어울리는 건과일은 오로지 크랜베리입니다.

- 흰자에 물, 노른자가 들어가면 머랭은 절대 안 됩니다.
- 알끈과 이물질은 제거하고 쓸수록 더 맛이 좋아집니다.
- 머랭을 장시간 놔두면 수분이 나와 사용이 불가합니다.

- 우유 200ml 제품을 사용하면 계량이 간단해집니다.
- 사용한 우유곽은 임시 계량컵으로 사용하기 좋습니다.
- 음료로 사용할 시 우유 대신 두유로 대체가 가능합니다.

- 커버쳐 초콜릿이 디저트를 제작할 때 가장 용이합니다.
- 물이 들어가면 바로 초콜릿을 버리는 것이 편합니다.
- 소량으로 구매하면 비싸므로 대량 구매를 추천합니다.

- 크림 치즈를 사용할 예정이라면 필라델피아를 쓰세요.
- 치즈마다 맛 차이는 있으나 가격 차이도 심각합니다.
- 슬라이스 치즈, 피자 치즈는 사용하기 부적절 합니다.

간단 도구 팁

Simple Tool Tip

- 취사 1번이면 대부분의 밥솥 디저트는 해결이 됩니다.
- 밥솥 기준 4인분 이상의 반죽 사용 시 넘칩니다.
- 냄새가 심하게 나면 식초물로 설거지를 해주세요.

- 전자레인지 출력, 연식에 따라 차이가 있습니다.
- 전자레인지 전용 용기를 사용할수록 편하고 좋습니다.
- 내용물이 넘칠 수 있으니 주기적으로 확인하세요.

- 2만 5천원짜리 핸드 믹서로 모든 디저트를 제작했습니다.
- 블랜더, 믹서기로 대체해 사용해도 괜찮긴 합니다.
- 거품기로 사용해도 괜찮지만 손목 부상으로 연결됩니다.

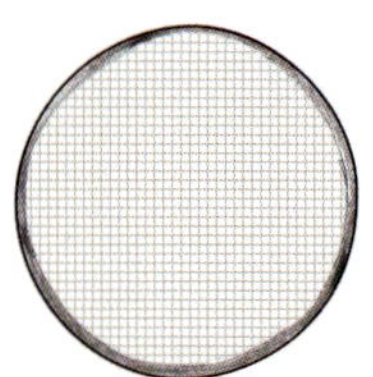

- 가루만 쓰는 것이 아니라 소스도 체에 거를 수 있습니다.
- 푸딩같은 디저트도 한 번 거른 뒤 사용하면 더 좋습니다.
- 밀가루가 자주 뭉치므로 설거지를 확실히 하세요.

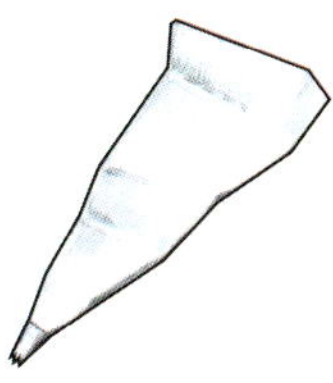

- 일회용 짤주머니보다는 반영구 짤주머니가 좋습니다.
- 깍지는 생크림 모양을 내는데 결정적인 도구입니다.
- 호수, 모양마다 깍지가 다르니 신중하게 구매하세요.

- 계량쪽 글을 확인하고 용량을 반드시 숙지하세요.
- 계량말고도 디저트 틀로 자유롭게 사용이 가능합니다.
- 소주컵은 70ml 정도이며 종이컵의 약 1/3 정도 입니다.

- 병은 다이소에서 구매하는 편이 싸고 좋습니다.
- 끓는 물에 소독 후 내부 물기를 반드시 제거해야 합니다.
- 구매 시 용량이 적혀 있으니 제작에 꼭 참고하세요.

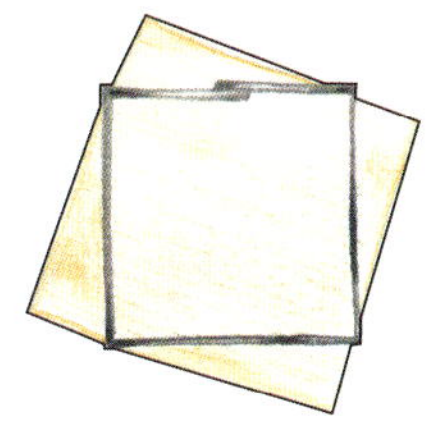

- 유산지가 없다면 비닐, 랩, 종이 호일 등으로 대체 가능!
- 무스틀은 반찬통, 네모 접시로 응용이 가능합니다.
- 모양을 내고 싶다면 틀, 유산지가 반드시 필요합니다.

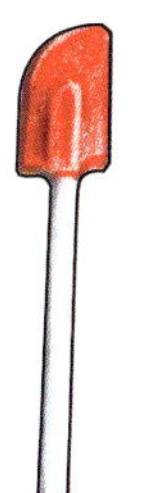

- 주걱은 실리콘 재질의 주걱을 사용하는 것이 좋습니다.
- 꾹꾹 눌러 사용하면 모든 반죽이 떡 반죽이 됩니다.
- 주걱 대신 거품기나 숟가락으로 대체 사용이 됩니다.

노오븐 디저트
NO OVEN Dessert
밀가루
CAKE